# 物理世界奇遇记

[美] 乔治·伽莫夫◎著 陈玉立◎译

# THE NEW WORLD OF MR TOMPKINS

文化发展出版社
Cultural Development Press

图书在版编目（CIP）数据

物理世界奇遇记 /（美）乔治·伽莫夫著 ; 陈玉立译. — 北京 : 文化发展出版社, 2020.7

ISBN 978-7-5142-3045-1

Ⅰ. ①物… Ⅱ. ①乔… ②陈… Ⅲ. ①物理学—普及读物 Ⅳ. ①04-49

中国版本图书馆CIP数据核字（2020）第115292号

**物理世界奇遇记**

作　　者：乔治·伽莫夫

译　　者：陈玉立

---

责任编辑：侯　铮

总 策 划：白　丁

产品经理：李　雪

出版发行：文化发展出版社有限公司（北京市翠微路2号）

网　　址：www.wenhuafazhan.com

经　　销：各地新华书店

印　　刷：天津旭丰源印刷有限公司

---

开　　本：787mm×1092mm　1/16

字　　数：161千字

印　　张：15.25

版　　次：2020年8月第1版　2020年8月第1次印刷

I S B N：978-7-5142-3045-1

定　　价：35.00元

本书若有质量问题，请拨打电话：010-82069336

# 引　言

从幼儿时期开始，我们就通过五感来感知我们周围的世界，从而慢慢熟悉它。在这个智力发育阶段，空间、时间和运动的基本概念开始形成。很快我们的大脑就习惯于这样的概念认知，以至于此后不太会相信我们基于这些概念所形成的对外部世界的认知只是所有可能的情况中的一种，改变这些认知对我们来说似乎是荒谬、有悖常理的。然而，随着观察事物的物理方法的不断进步，以及对所观察事物之间关系的分析越发走到了死胡同，现代科学得出了确切的结论：一旦用于详尽地去描述我们日常肉眼不可观察到的现象时，这些“经典”的基础认知丝毫不起作用。因此，为了正确地、一致地描述我们的全新体验，十分有必要对空间、时间和运动这三个基本概念做出一些更改。

实际上，普通认知概念和现代物理学中引入的一些概念之间的偏差是很小的，从日常生活角度来看很容易被忽视。在我们这个世界里，现代科学家花了很长时间艰难探索才总结出这三个概念：空间、时间和运动。不过现在想象一下，有另外一个世界，那个世界里遵循的物理定律和我们这个世界是一样的，只是决定这三个概念使用范围的物理常量的数值变了，那个世界里这三个要素有着新的正确的概念，而对那个世界的人来说，这些新的概念不过是常识而已。我们甚至可以假设在那个世界里，就连一个原始野蛮人都可能了解相对论和量子理论的基本原理，并且将这些理论付诸实践，用于狩猎和日常活动。

本书中故事的主人公好多次在梦里被传送到了以上所说的这样的世界里。我们日常生活中难以感知到的现象，在这些不同的世界里被极度地夸大了，主人公很容易在日常活动中观察到奇怪的现象。在他奇幻却又科学的梦里，有一位物理学老教授（他的女儿茉德最终和主人公结婚了）一直在帮助他。教授用平实的语言给他解释他在这些世界里——相对论世界、宇宙世界、量子世界、原子世界、核结构世界及基本粒子世界等——所观察到的怪异现象。希望通过汤普金斯先生非同寻常的经历能够帮助到各位对现代物理颇感兴趣的读者，有助于他们对现在所身处的这个物理世界形成更清晰的认识。

# 目　录

Esquire

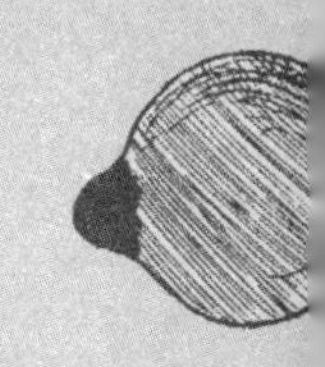

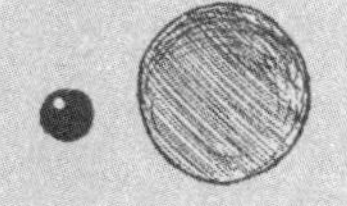

# 第1章 城市速度极限

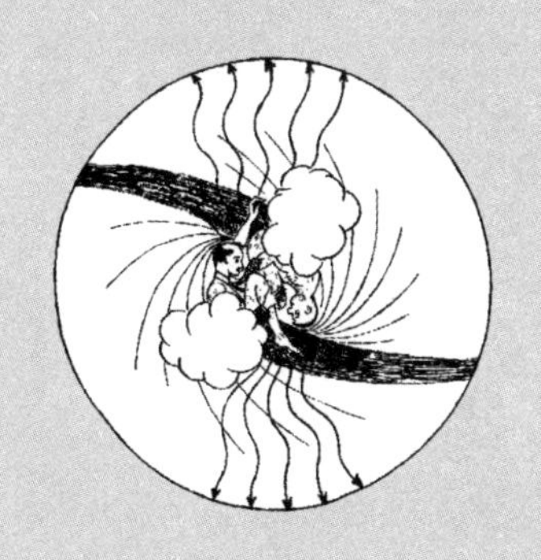

▼
▽

汤普金斯先生是一家大型城市银行的小职员，有一天银行休息不上班，他便睡了个懒觉，悠闲自在地吃了个早饭。他想好好地计划一下今天的行程，首先想到的就是下午去看场电影。于是他就打开晨间报纸，翻到了娱乐版面。不过报纸上并没有什么电影让他有想去看的欲望。好莱坞电影都是明星们谈情说爱，他腻烦透了。

“都是些好莱坞的无聊东西！”

要是有一部电影是关于真实的冒险故事的，哪怕它情节有些超乎寻常甚至是带有奇幻色彩的都可以接受，可惜并没有。无意间，他注意到了这一页角落里的一个小告示。当地的一所大学正在召开探讨现代物理学问题的系列讲座，今天下午的讲座是关于爱因斯坦相对论的。看来，那儿可能还有点意思！之前他经常听别人说世界上真正懂爱因斯坦理论的人没几个，差不多12个吧，那么他要是去听了，说不定就可以成为第13个呢！那么他肯定要去听这个讲座了，冥冥之中可能就是他想要的呢。

不过他迟到了，讲座开始之后他才进了大学礼堂。整个礼堂里都坐满了，讲台上黑板旁边的教授高高的，胡子花白，他认真地讲解着相对论的基本概念。台下的听众们大多是年轻的学生，他们都聚精会神地听着教授讲课。汤普金斯先生竭尽全力去听，只弄懂了爱因斯坦理论的整个要点。存在一个最大速度，即光速，任何一个物体移动的速度都不可能会超过光速，这一事实就带来了一些怪异的结果。不过教授又接着说，光速是每秒186 000英里[①]，在日常生活中相对论的效应很难被捕捉到。这些非同寻常的效应对于普通人来说实在是太难理解了，在汤普金斯先生看来，相对论的所有知识都与自己的常识相矛盾。他尽力去想象测量杆在收缩以及钟表有异常的表现——按照相对论效应，如果它们以接近光速的速度运动，就会产生这些现象——想着想着他的眼皮就合上了，脑袋慢慢地耷拉到胸口。

当他再次睁开眼睛的时候，发现自己依旧坐在长椅上，不过不是礼堂的长椅，而是市政府为方便乘客等公交而设的长椅。眼前是一座美丽的老城，道路两旁都是中世纪的学院式建筑。他猜自己一定是在

① 约300 000 000米——译者注。

做梦，但出乎意料的是他周围一切正常，没有发生什么怪异的事情。街道上空空荡荡的几乎没有人，尽头塔楼上时钟的指针正好指向五点整。一个人骑着自行车孤零零地沿着街道驶来，当他快来到跟前的时候，汤普金斯先生震惊地瞪大了双眼。太匪夷所思了！无论是自行车还是骑车的年轻人都沿着运动的方向被压扁了，看他们就像是透过圆柱透镜在看一样。塔楼上的钟敲了五下，那个骑车的年轻人很明显在赶时间，于是更起劲地蹬起了脚踏。但汤普金斯先生并没有察觉到他的速度加快了，反而因为他更努力蹬车，看上去被压得更扁了，就像是从印制板上剪下来的纸片人一样沿着街道行驶下去。

令人难以置信地被压扁了

这时汤普金斯先生感到非常自豪，因为他能明白这位骑自行车的年轻人现在是怎么一回事——不过是运动物体的压缩而已，他刚刚正好听到这方面的内容。他对眼前的现象做了个总结：“很明显，在这里大自然的速度极限低了很多，这就是为什么街角的警察看上去懒懒散散的，因为他没必要去看有没有人超速。”实际上，此时在街上行驶着的出租车发出了全世界最嘈杂的噪声，速度也并没有比骑自行车快多少，看起来就像是在爬行一样。汤普金斯先生决定追上那个骑车的小伙子，问问他这个世界到底怎么回事，他看上去挺面善的。趁着警察看向另外一边没有注意到自己，汤普金斯先生顺了马路边上别人停着的一辆自行车，朝小伙子骑了过去。

这座城市的街区还在不断地被压缩

想到自己马上就会被压缩，汤普金斯先生感到很开心，因为近期他不断发福的体形让他感到有些焦虑。然而事实情况出乎他的意料，什么也没有发生！他的人、他的自行车，都没有被压缩。反而他周围的景象彻彻底底地变了。街道变得越来越短，商店的橱窗看上去慢慢变成了一条条狭窄的缝隙，街角的警察比之前看上去更单薄了。

“天哪！”汤普金斯先生兴奋地惊呼，“我现在看出点名堂来了。这里正是可以证明‘相对性’的地方。每一个相对我运动的物体在我看来都被压缩了，不管骑自行车的是我自己还是别人！”他骑车向来很快，此时正在使出吃奶的力气想去追上那个小伙子。但他很快发现要想让自行车加速简直难于登天。尽管他拼尽全力死命蹬着脚踏，但自行车速度的变化几乎可以忽略不计。他的腿已经开始酸了，但他驶过两根路灯杆子间的速度并没有比刚开始骑的时候快多少。这么看来就好像他加快速度做出的所有努力都没有回报。他现在十分清楚为什么刚刚遇到的小伙子骑不快，出租车也赶不上自行车了。他想起了教授讲过，想要超过光速的极限是不可能的。不过他注意到，城市的街区不断变得窄小，骑在他前面的小伙子现在看起来也没有那么远了。在第二个转弯口他终于赶了上去，在他们并肩蹬着自行车的那一刻，他惊讶地发现这个小伙子实际上一身运动装扮，相当正常的。“噢，一定是因为我没有和对方做相对运动”，他得出结论。然后他和那个年轻人搭讪起来。

“先生，打扰一下，”他问道，“在速度极限如此低的一个城市里生活，难道你没有觉得不方便吗？”

“速度极限？”年轻人惊讶地反问道，“我们这里没有什么速度极限，如果我有一辆摩托车而不是这辆什么都干不成的自行车的话，我去一个地方想骑多快就能骑多快！”

“但是你刚刚从我面前路过的时候骑得好慢，”汤普金斯先生接着说，“我尤其注意到你的。”

“你注意到我了，真的吗？”年轻人质问道，他明显是感觉被冒犯了，“我猜你还没有注意到吧，从你刚才和我说第一句话开始，我们已经过了五个街区了。这对你来说还不够快？”

“但这是因为这些街区变得很短。”汤普金斯先生不服气，争论道。

“是因为我们移动得更快或者是因为街道变得更短，这又有什么区别呢？我要骑十个街区才能到邮局，如果我骑快点，街道变短一点，那么我就能到得更早一点。实际上，现在我们已经到了。”年轻人跨下自行车说道。

汤普金斯先生也下了车，看向邮局的时钟，上面显示五点半了。他得意扬扬地指着时钟说：“看，不管怎么说，你骑这十个路口花了半个小时，而我第一次见你的时候正好五点钟！”

“你真的注意到已经过了半小时了？”小伙子问他。汤普金斯先生不得不承认，自己感觉只过了几分钟而已。不仅如此，他看自己的手表，上面显示的是五点零五。“噢！”他吃惊地问道，“是邮局的钟走快了吗？”“当然你可以认为是走快了，或者你可以认为是手表走太慢了。毕竟你刚刚运动太快了不是吗？不过你到底有什么毛病？你刚从月球上下来吗？”说着年轻人便径直走进了邮局。

经过这番对话，汤普金斯先生突然意识到老教授不能在身边给他解释这一切怪异的现象真是太遗憾了。那个年轻人显然是当地人，甚至在学会走路之前就已经对这一现象司空见惯了。形势使然，汤普金斯先生不得不靠自己去探索这个奇怪的世界了。他按照邮局的钟重新校对了手表，并且等了十分钟确保它正常走。结果当然是他的手表没有问题。他沿着街道继续骑下去，最后看到了一个火车站，他决定下车再次查看手表，出乎意料的是，手表再一次走慢了一点。“好吧，这一定也是什么相对论效应。”汤普金斯先生下结论。他决定找一个比骑车的小伙子聪明些的人来问问看这是怎么回事。

很快他就逮到机会了。有一位四十多岁的绅士下了火车，向出站口走去。接他的是一位非常年迈的老妇人，然而听她喊他“亲爱的爷爷”，这让汤普金斯先生大吃一惊，实在太难接受了。他借着帮忙搬行李的由头开始和这位绅士交谈起来。

“不好意思，我可能要打探一下你们的家务事，”他说，“您真的是这位老太太的爷爷吗？你要知道，我不是本地人，我从来没……”“噢，我明白，”那位绅士翘着胡子笑着回答道，“我想你可能把我当作流浪汉或者诸如此类的人了。但实际上事情非常简单。我是做生意的，所以经常到处出差，我大部分的时间都是在火车上，自然而然地我比住在城市里的亲戚们老得慢多了。这次我及时回来能够看到我亲爱的小孙女还在人世真的是太开心了！不过抱歉，我现在还得把她搀进出租车里呢。”绅士匆忙地走开了，留下汤普金斯先生在原地一头雾水。他在火车站的餐厅里吃了两块三明治，脑子又能转起来了，他思考得很深远，甚至还觉得自己发现了著名的相对论原理的矛盾点了。

“当然是的啦，”他嘬着手中的咖啡想，“如果所有的运动都是相对的，那么这位绅士在他的亲人看来应该是一位非常高龄的老人，他们的亲人在他看来也应该是很老的，尽管可能事实上双方都很年轻。不过我知道我现在说的绝对是一通胡话，白发不可能是相对的！”因此，他决定再做最后一次尝试，去弄明白事实到底是怎么回事，于是他走向了在餐厅里单独坐着的穿着铁道制服的一位男士。

“实在不好意思，先生，”他开始问道，“我发现火车上的乘客们的衰老速度比待在一个地方不动的人们的衰老速度慢得多，您能好心告诉我谁可以给我解释一下吗？”

“我可以解释。”那位男子言简意赅地回答道。

“噢！”汤普金斯先生惊呼，“这么说，您已经解决了一个未解之谜，您一定是医学界相当出色的人物。您在这里是医学会的主席吗？”

“不是的，”男子对汤普金斯先生的反应感到很吃惊，回答，“我只是这条铁路的司闸员。”

“司闸员？你是说，司闸员？”汤普金斯先生难以置信地大叫道，“你的意思是，你只是负责在火车到站的时候拉起制动？”

“是的，这就是我的工作。每当火车速度减下来，乘客们就相较于火车外的人们年龄增长个几岁。不过当然啦，”他谦虚地继续讲着，“火车司机在这个过程中也起到一定作用。”

“但是你说的这个和保持年轻有什么关系呢？”汤普金斯先生惊奇地问他。

“这个嘛，我不太清楚，”司闸员回答，“不过事实就是这样的。有一次我问这班火车上的一位大学教授这究竟是怎么回事，他便开始了长篇大论，我没有听懂，不过最后好像是说到一个类似于太阳的‘引力红移’——我记得他是这么说的。你有没有听说过‘红移’这种东西？”

“没，没有。”汤普金斯先生不置可否地回答他，司闸员摇摇头走了。

猛然地，有一只厚重的手落到他的肩膀上摇晃着他，汤普金斯先生回过神来发现自己已经不再身处车站的咖啡厅里，而是回到了听教授讲座的礼堂的椅子上。礼堂里的灯光昏暗，人都走空了。把他叫醒的那个管理员跟他说：“先生，礼堂现在要关门了，你要是想睡觉的话还是回家吧。”汤普金斯先生只得站起来往门口走去。

# 第2章

# 教授的那篇让汤普金斯先生陷入梦境的关于相对论的演讲

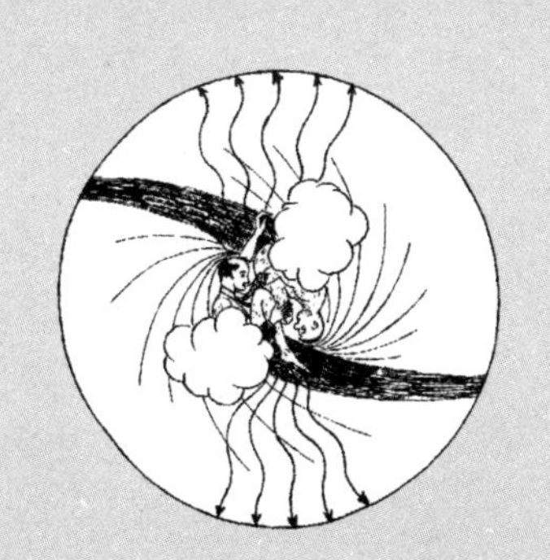

物理世界
奇遇记

女士们，先生们：

在人类智慧发展的最初始阶段，人们就已经形成了关于空间和时间的概念，认为所有事件都发生在这个框架里。这些概念一代一代地流传了下来，没有什么本质上的改变。而且自精密科学发展以来，这些概念就被用作对这个宇宙进行数学描述的基础。伟人牛顿可能是第一位清楚地阐释了古典空间和时间概念的人，他在他的《自然哲学的数学原理》一书中写道：

> 绝对空间，就其本质而言，与外界任何事物都无关，永远保持相同且固定。
>
> 绝对的、真正的数学的时间，就其自身及本质而言，永远稳定地流动，与外界任何事物无关。

人们坚定不移地相信着关于时间和空间的这些古典概念的绝对正确性，以至于哲学家们总是把它们当作既定的先验事实，也没有一位科学家曾质疑过它们的正确性。

然而，就在20世纪初，有一种现象越来越明显了。用实验物理学的最精密的方法得到的一些结论，如果非要用古典时空概念来解释的话，必定会产生自相矛盾的观点。当代最出色的物理学家之一，阿尔伯特·爱因斯坦，就从这一事实中发展出了革命性的想法。他认为，除了那些传统因素外，人们没有任何理由非要认为关于时空的那些古典概念是绝对正确的。人们可以也应该要改变这些概念，以适应我们新的更加精密的实验结果。实际上，既然知道了这些古典的时空概念是建立在人类日常生活经验的基础上的，那么基于现代高度发达的实验技术建立的精密的观察方法表明了这些旧概念太粗糙、不精确，我们也不必太过惊讶。旧概念之所以可以用于日常生活以及物理发展的早期阶段，仅仅是因为它们和正确概念之间的偏差微乎其微。同样，我们也不必惊讶，现代科学探索领域的不断扩大，随之而来的是出现了一些区域，两种概念之间的偏差变得非常大，这些区域内的现象是无法用古典概念进行解释的。

对古典概念进行根本性批判的最重要的实验结果是，发现了真空中的光速代表着一切可能的物理速度的上限。这个出人意料的重要的结论主要出自美国物理学家迈克尔逊的实验。19 世纪末，他努力去观察地球的运动对光传播速度的影响，令他大为吃惊并且震惊了整个科学界的是，他发现这根本没有影响，无论使用何种测量体系，也无论光源的运动如何，真空中光速一直保持不变。因此，也就没有必要去解释了，这样的一个实验结果完全反常，与我们关于运动的最基本的概念相悖。实际上，假设有一个物体在空间中快速移动，你也快速地和它进行相对运动，那个移动的物体便会以相对的更快的速度撞击到你，这个速度就是物体的速度和你移动的速度之和。反之，如果你在它之前进行同向运动，它撞击到你的速度就会减慢，相当于你和它的速度差。

同样，如果你开着车，与空中传来的声音相向而行，那么车里测出来的声速就会比你的车速快；如果声音从后面追上你的车，那么测出的声速就相应地慢了。我们把这个现象称为速度相加理论，它往往是不证自明的。

然而，最严谨的实验显示，这套速度理论在光的研究中不再适用。真空中的光速永远恒定，为每秒 300 000 000 米（我们通常用符号 c 来指代），无论观察者运动的速度有多快。

“是的，”你可能会说，“那有可能把若干个实际上可以达到的比较小的速度加起来，构成一个超光速吗？”

举个例子，假设有一辆快速行驶的火车，速度达到四分之三个光速，有一个流浪汉在火车车厢顶部同样以四分之三的光速跑着。

根据速度相加理论，那么这两个速度相加的总速度就是光速的 1.5 倍，那么这个在火车顶上跑的人就能够超过信号灯发射的光束。然而实际情况是，既然光速是恒定的，这是一个实验事实，而且我们实验中的速度一定小于期望值——速度并不能超过极限值 c，因此可以得出结论：就算是对于较小的速度而言，古典速度相加理论也是不成立的。

关于这个问题的数学处理方式（在此我不想深入讲下去），得出了一个新的简单的公式，用于计算两个叠加运动的合成速度。

如果 $v_1$ 和 $v_2$ 是两个要相加的速度，那么合成速度就是：

$$V=\frac{v_1 \pm v_2}{1 \pm \frac{v_1 v_2}{c^2}} \quad (1)$$

从这个公式里可以看出，如果原来的两个速度都很小，我说的小是与光速相比，那么公式（1）中分母的第二项与整体公式相比就可以忽略不计，得到的还是古典的速度相加理论。然而，如果 $v_1$ 和 $v_2$ 都不小，那么结果总会比这两个速度的算术和小一些。比如，在我们火车的例子里，$v_1=\frac{3}{4}c$，$v_2=\frac{3}{4}c$，那么用这个公式得出的速度 $V=\frac{24}{25}c$，还是比光速小。

在一种极端情况下，如果其中一个的原始速度为 $c$ 时，无论另一个的速度为多少，公式①得出的速度始终为 $c$。不管将多少个速度相加，我们都无法超越光速。

你可能也会想要知道，这个公式已经通过实验加以证明了，实验也真的发现两个速度的合成速度总是小于两者的算术和。

当我们认识到速度上限的存在，我们便可以开始批判古典时空概念了。首先我们要推翻的是基于古典时空概念建立的同时性概念。

当你说“开普敦煤矿爆炸的同时，火腿蛋正端上你伦敦公寓的餐桌上”，你认为自己知道自己说的意思是什么。然而现在我要告诉你，你并不知道，而且严格来讲，你说的这句话没有任何确切的含义。实际情况是，你要用什么方法来检查发生在两个不同的地方的两件事是不是同时发生的？你可能会说，两地的时钟上都显示同样的时间，那么同样的问题就来了，要如何将两个相距遥远的钟表调到同时显示相同时间呢？于是我们就回到了刚开始的问题。

既然真空中的光速不依赖于光源的运动和测量光速的系统这已经是最精确确定了的实验事实，那么接下来测量距离的方法和在不同观测站正确设置时钟的方法，应该被认为是最适当的，以及是唯一合理的方法——只要你再仔细考虑一下，就一定会同意的。

从 A 站发射一个光信号，B 站一接收到这个光信号就立刻返回给 A 站。那么 A 站所记录的从发射信号到信号返回的时间的一半，乘上恒定的光速值，就得到了 AB 两站之间的距离。

如果 B 站收到信号的瞬间，当地的时钟正好指的是 A 站发射和收到信号的两个瞬时时间的中间值，那么 A、B 两站的时钟就可以说是校准了。在不同的观测站间采用这种方法，给我们建立了一个牢固的所希望达成的参考框架，运用这个框架，我们可以回答所有关于同时性和不同地点发生的事件的时间差的问题。

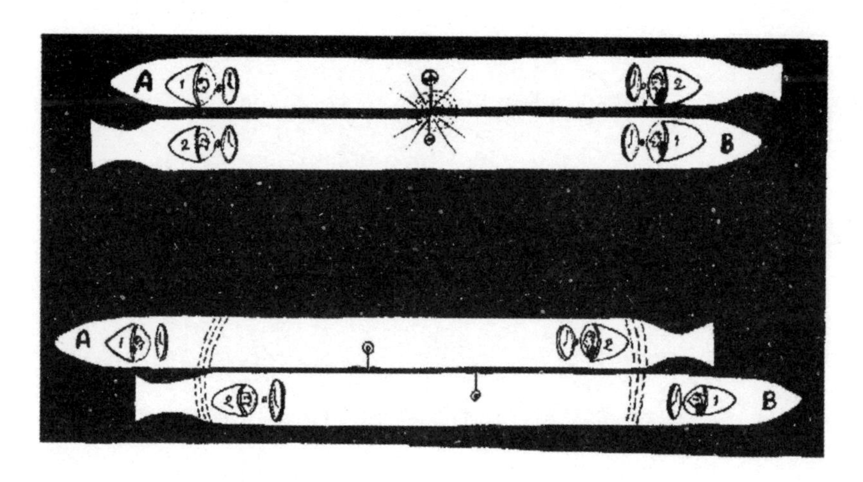


两个相反方向运动的长条火箭

但是其他参考体系里的观察者们会不会承认这些结果呢？为了回答这个问题，我们来假设一下。两个参考框架是建立在两个不同的实体上的，就假设是固定在以相同恒定速度朝反方向飞行的两个长条太空火箭上，那么我们就来看一看这两个参考框架是如何校准的。假设各有两对观察者分别固定在每个火箭的头部和尾部，首先要做的就是将他们的表校准。每一对观察者可以在火箭上将上述方法稍微调整一下，从火箭中点（用量尺测量好）发射光信号，当光信号发射之后到达两端的同时，两对观察者将表调到零点。这样，每一对观察者都根据前面的规定，在自己的体系中建立了同时性标准。当然，从他们的角度将自己的表对“准”了。

现在他们决定看一看自己火箭上的时间读数是不是和对方火箭上的一样。比如，当身处两个不同火箭的观察者擦身而过的时候，他们的手表是不是指向同一时间？可以用以下方法来检测：他们在每个火箭的几何中点上安装两个带电的导体，这样，当两个火箭擦身而过的时候，导体之间碰撞出火花，就在这个瞬间每个火箭的中点同时向两端发射光信号。当光信号（以恒定的速度）朝观察者移动的时候，火箭已经改变了它们的相对位置，2A 和 2B 两个观察者将比 1A 和 1B 两个观察者更接近光源。

很显然，当 2A 接收到光信号的时候，1B 还没有接收到，所以还需要额外的时间才能收到信号。因此，即使用这样的方法 1B 在信号一到达的时候就把手表拨零，2A 还是坚持认为他的表慢了。

同样地，其他观察者也是这样。1A 会得出结论说 2B 的手表提前了，因为 2B 在其之前收到光信号。既然，根据他们自己的同时性定义，他们的手表都校准了，火箭 A 上的观察者们会认为自己的表与火箭 B 上的观察者们的表有时间差。不过我们不要忘记，火箭 B 上的观察者们也会因为同样的原因而以为自己的表是校准的，而声称与火箭 A 观察者们的表有时间差的存在。

既然这两个火箭是完全等价的，那么解决两组观察者之间的争论的方法，只有说这两组观察者，从他们各自的角度来看都是对的。但至于谁是"绝对"正确的问题，没有任何物理意义。

我生怕你们听我讲这些长篇大论听得太累了，不过你要是仔细地从头顺下来的话，你就很清楚，一旦我们采纳上述的时一空测量法，绝对同时性的概念就会消失，在一个参考体系中被认为是同时发生在不同地方的两件事，在另外一个体系看来就会被分割成有时间间隔的两个事件。

这种观点一开始听起来极度不正常，但如果我说，你在火车上吃晚餐，你在餐车的同一个位置吃着甜点喝着汤，却是在铁轨上相距很远的两个点上吃的，那么现在你还是觉得不正常吗？不过，你在火车上吃晚餐这个例子可以总结为一点，在一个体系的同一点的不同时间发生的两件事，可能会在另外一个体系中变成有一定空间间隔的两件事。

如果把这种"平常"的观点和之前那个"反常"的观点做比较，你会发现这两个观点是完全对称的，仅仅只要把"时间"和"空间"两个词对调一下，一种说法就变成了另外一种说法。

爱因斯坦的整体观点就是：在古典物理学中，时间被看作完全独立于空间和运动“稳定地流动，与外界任何事物无关”（牛顿），在新物理学中，时间和空间是紧密联系的，它们代表的是一个均质的“空间—时间连续统”的两个不同的截面。我们所能观察到的事件都发生在这样一个连续统里。

将这个四维的连续统分裂成一个三维的空间和一个一维的时间纯粹是很武断的，要取决于观察现象时所处的体系。

在一个体系里观察，在空间里被距离 $l$，在时间上被间隔 $t$ 分隔成了两个事件，而在另外一个体系里，将会被另外的距离 $l'$ 和另外的间隔 $t'$ 分隔成另外的两个事件。所以，从一定意义上来讲，我们可以说把空间转换成了时间，反之亦然。同样也不难看出，为什么从时间转换成空间，就像火车上的晚餐这个例子一样，对我们来说是普通的概念，而将空间转换成时间，形成了同时性的相对性，这对我们来说就很反常了。我想说的一个点是，如果我们测量距离使用的是“厘米”，那么相对应的时间单位就不应该是传统的“秒”，而是“合理的时间单位”，即光信号走过 1 厘米所需要的时间间隔 0.000 000 000 03 秒。

因此，在我们日常经验的范围内，从空间间隔转换成时间间隔所产生的结果实际上是无法观察到的，这似乎佐证了认为时间是绝对独立和亘古不变的古典观点。

然而，在研究极高速运动，如发射性物质所发射出的电子的运动或者原子内部电子的运动时，在这些情况下某一时间间隔内走过的距离与用合理时间单位所表示的时间属于同一个数量级，这就必定会遇到我们上面讲到的两个效应。这时相对论就变得至关重要了。甚至在相对较低速的区域里，比如我们太阳系的行星运动，用极度精密的天文观测仪器也可以观察到相对论效应；不过想要观察相对论效应，就需要测出每年行星运动总共只有几分之一弧秒的变化。

我已经很尽力地解释给你们听了，对古典空间和时间概念的批判最后会得到一个结论，那就是空间间隔可以部分地转换成时间间隔，时间间隔也可以部分地转换成空间间隔。这也意味着在不同的运动系统中测量一个既定的距离或者时间，会得到不同的数值。

对于这个问题进行一个相对比较简单的数学分析，不过我在讲座中不会深入，可以得出一个关于数值变化的明确的公式。任何一个长度为 $l$ 的物体，以 $v$ 的速度相对于观察者运动，它的长度都会缩短，缩短的数值取决于它的速度，观察者所测到的速度是：

$$l' = l\sqrt{1-\frac{v^2}{c^2}} \quad (2)$$

类似地，一个过程需要花时间 $t$，当从一个做相对运动的体系观察它时，所花的时间是 $t'$ ，如公式（3）所示。

$$l' = \frac{t}{\sqrt{1-\frac{v^2}{c^2}}} \quad (3)$$

这就是相对论中著名的“尺缩( 空间缩短 )效应”和“钟慢( 时间延长 )效应” 。

一般情况下，当 $v$ 比 $c$ 小很多的时候，效应会很细微。但如果从一个运动的体系中，速度足够大时会观察到，长度会变得非常短，而时间间隔会变得非常长。

我希望大家不要忘记，这两个效应是完全对称的体系，所以高速行驶的火车上的乘客会很好奇为什么外面站着不动的人们看上去那么瘦，动得那么慢，而站着不动的人们看着火车上的乘客们也会很好奇。

另一个重要的点是，运动物体的最大可能速度与它的质量有关。

根据一般力学原理，物体的质量决定了使物体开始运动或者使运动物体加速的难度。物体质量越大，使物体增加某一数量的难度也就越大。

任何物体在任何情况下都不能超过光速，这一事实直接让我们得出了一个结论：当物体的速度趋近于光速的时候，它加速遇到的阻力，换句话说，它的质量，将会无限增大。数学分析得出了计算这个关系的公式，和公式（2）（3）类似。如果 $m_0$ 代表的是速度非常小的时候的质量，那么其质量 $m$ 和速度 $v$ 的关系就是：

$$m = \frac{m_0}{\sqrt{1-\frac{v^2}{c^2}}} \tag{4}$$

当 $v$ 趋近于 $c$ 的时候，进一步加速遇到的阻力将会变得无限大。

质量发生相对论性变化的效应很容易通过实验在高速运动的粒子上观察到。例如，放射性物质发射出的电子的质量（其速度接近光速的 99%）比静止状态的粒子的质量大若干倍，而构成宇宙射线的电子常常以 99.98% 光速的速度运动，其质量更是静止状态下电子质量的一千倍。对于这么大的速度，古典物理学变得丝毫不再适用了，我们进入了相对论纯理论领域。

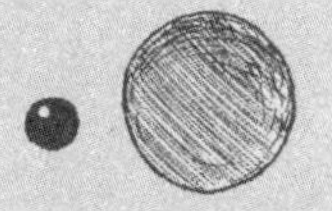

# 第3章

# 汤普金斯先生度假

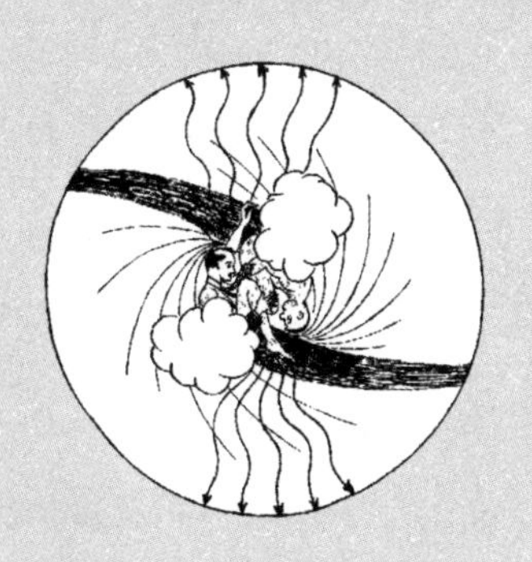

汤普金斯先生对自己在相对论城市里的奇遇感到非常愉悦，不过让他觉得遗憾的是教授那时没能够在他身边，没能对他所观察到的怪异现象给出解释：令他尤其困惑不解的是那位铁路司闸员是如何使乘客不变老的。好多个夜晚他躺在床上，希望自己能够再次见到这座有趣的城市，不过他很少做梦，就算做梦大多数也是不太开心的梦。最近一次他做的梦是银行经理把他炒了，因为他把银行账目算错了……于是现在他决定最好是休个假，去海边什么地方玩上一个星期。因此，他现在坐在火车的一个隔间里，透过窗户看着外面的风景，城市郊区的那些灰色的屋顶逐渐变成了乡村绿油油的草场。他翻开一份报纸，努力想要让自己对越南战争感兴趣。但所有这一切都太无聊了，只有火车摇晃得他很惬意……

当他放下手中的报纸再次望向窗外的时候，外面的景色发生了巨大的变化。电线杆一根紧贴着一根，看上去就像是一排篱笆，每棵树的树冠都很窄，一棵棵的就像是地中海柏树一样瘦长。坐在他对面的正是他的老朋友——那位教授，他正津津有味地望向窗外。可能他进来有一会儿了，不过汤普金斯先生专注于看报纸没有注意到。

“我们现在在相对论世界里，”汤普金斯先生问道，“是吗？”

“噢！”教授感到很惊讶，“看来你已经知道挺多的了！你从哪里得知这座城市的呢？”

“我之前已经来过一回了，不过那时没能荣幸同您一起旅行。”

“也就是说，你这次可能要做我的向导了。”老教授说。

“我应该做不了，”汤普金斯先生连忙摇头，“我在这里是见过很多怪异的现象，但是我问过所有当地人，他们根本都不能了解我的问题所在。”

“那是自然，”教授说，“他们出生在这个世界里，对于身边发生的所有现象都是司空见惯的。不过我想，要是他们碰巧进入了你我生活的世界里也会感到十分惊奇。我们的世界在他们看来也是很奇异的。”

“我能问您一个问题吗？”汤普金斯先生问道，“上次我来这儿的时候遇到一位火车司闸员，他坚持认为乘客们比城市里面的人衰老得慢得多是因为火车开开停停。这是魔术吗，或者这从现代物理学里也能得到解释吗？”

“我们从来就不能以魔术为由来解释现象，”老教授回答他，“这个现象直接遵循了物理学定理。爱因斯坦在他对新的时空概念（或者我应该说是新发现的老世界中的时空概念）的分析的基础上提出，当物理过程所发生的那个体系正在改变它的速度时，物理过程就会减慢下来。在我们的世界里这些效应微乎其微根本观察不到，但是在这里，由于光速很小，所以这些效应很明显。例如，假如你要在这里煮一个鸡蛋，你在炉子上来回移动煮锅，让鸡蛋一直在改变速度而不是直接把它放在炉子上一动不动，那么你可能要花六分钟才能把它煮熟，通常我们只要五分钟。同样，在人类的身体中，所有的进程都减缓了。如果一个人坐在摇椅中或者在不停变换速度的火车上，在这样的情况下，他衰老的速度就慢了许多。不过，如果所有进程减缓至相同程度，物理学家就会说，在一个非匀速运动的体系里，时间流逝得更慢。”

“那么科学家们在我们的世界里有没有切实观察到这些现象呢？”

“他们观察到了，不过需要相当的技巧。从技术层面来讲，要达到所需的加速度是很难的，但是在一个非匀速运动的体系里所存在的条件，和一个非常大的引力的作用结果是相似的，或者我可以说是完全一致的。你可能注意到自己坐直升电梯的时候，电梯快速加速上升，你似乎感觉自己重了一些；相反，当电梯急速下降时（要是电梯的钢索断了，你会更清楚地意识到），你会感觉自己轻了许多。对此可以解释为，地球的重力还要加上或减去加速度所产生的引力场。太阳的引力势要比地球表面的重力势大上许多，因此那里的所有物理进程都应该会轻微地减缓。天文学家观察到了这个现象。”

“他们不可能到太阳上去观察啊？”“他们没必要去那里。他们观察着从太阳发射到我们地球上的光线，这个光线是由太阳大气圈中不同原子的振动所发射出来的。如果在那里所有的物理进程都减慢，那么原子振动的速度也会减慢，通过对比太阳光线和地球发射的光线，就可以看出区别了。顺便问一句，你知道……”教授自己插了一句——“我们现在经过的这个小站叫什么名字？”

火车这时正在从一个乡村小站的月台旁行驶过，除了站长和一位坐在行李推车上看报纸的年轻搬运工外，月台上空空荡荡。突然间站长双手高高举起，脸朝下倒在了地上。汤普金斯先生并没有听到枪击的声音，可能是因为被火车的声音盖过去了，不过可以看见尸体已经倒在血泊中，很明显是中枪了。教授立马扳下了紧急制动阀，火车来了个急刹车。当两个人跳下车厢的时候，年轻的搬运工正向尸体跑去，一个乡村警察也正在赶过来。

“子弹打穿了心脏，”警察检查了尸体之后说道，接着他用手重重压住搬运工的肩膀，继续说，“我现在以谋杀站长的罪名逮捕你。”

“我没有杀他，”可怜的搬运工惊恐地喊道，“听到枪声的时候我正在看报纸。这两位从火车上下来的绅士可能目睹了全部经过，他们可以为我证明清白。”

“是的，”汤普金斯先生说，“我亲眼看见站长被击中的时候他正在看报纸。我以《圣经》的名义起誓。”

“但你当时是在移动的火车上，”警察用权威的声调说，“所以你看到的根本不能当成证据。因为从月台上看，这个男人在那个瞬间正好在开枪。难道你不知道同时性取决于你进行观察时所在的那个体系？”“闭嘴，跟我走。”他朝搬运工喊道。

“抱歉，警察先生，”这时教授插话了，“但是你完全错了，我认为到了警察局其他警察可能不会像你这样无知。不过当然，在你们的国家，同时性的概念是高度相对的。也确实是不同地方发生的两件事可能是同时的也可能不是，这取决于观察者的运动状态。但是，就算是在你们的国家，也没有一个观察者可以在事情发生前就看到了结果。你从来没有在电报送给你之前就看到它的内容吧，也没有开酒瓶之前就喝醉了吧。我是这样理解你的意思的，你推断因为火车在运动，所以我们俩看到的枪击比事实发生的时候慢了一拍，我们一看到站长倒地了就立刻跑下车，我们依旧没有看到枪击的过程。我明白，在警察部队里，你一直被教导只相信训令上所写的东西，但你要是仔细查看训令，可能有机会发现其中一些关于这类情况的指令。”

教授的语气给了警察很深刻的印象，于是他便从口袋里掏出训令，慢慢地从头开始仔细查看。很快，他的脸涨得通红，露出一丝尴尬的微笑。

“这里有，”他指着，“第 37 节第 12 款第 e 小节：‘如果有确凿的证据证明在犯罪的瞬间或者在时间间隔 ±d/c 时间内（c 是自然速度极限，d 是与犯罪现场的距离），有人看见嫌疑人正在其他地方做其他事情，无论目击者处在何种运动的体系中，均应认为构成了完美的不在场证明。’”

“你自由了，小伙子。”他朝搬运工说道，接着便转向教授：“先生，太感谢您了，要不是您，我就要在警察局里遇到麻烦了。我刚当警察不久，对所有这些章程还不是很熟悉。但是无论怎样我都必须上报这起谋杀案。”于是他走到了电话亭。一分钟后，他从月台另外一边喊道：“现在这案子一切都解决了！真正的凶手在逃出车站的时候有警察抓住了他。再一次感谢您！”

“我可能太笨了，”火车重新发动了，汤普金斯先生自责地说，“不过这和同时性有什么关系呢？在这个国家，同时性真的没有任何意义吗？”

“有的，”教授回答说，“不过仅局限在很小的范围里。否则我应该就不太能帮那个搬运工脱罪了。现在你知道了，任何一个物体的运动或信号的传播，都存在天然速度极限，这就使我们常识认知中的同时性这个词失去了本来的意义。这样来看，你可能更容易理解。设想一下你有一个朋友住在很远的一个小镇上，你写信给他，邮件火车是最快的通信工具。现在假设你星期日发生了一件事，而且你知道这件事将会发生在你朋友的身上，很明显最快也只能到周三你才能告诉他这件事。在另外一头，如果他提前知道了在你的身上将要发生一件事，最晚要在这个周四就让你知道。因此，这就有了六天的时间差，从这个周四到下个周三，你的朋友既不能影响你周日的命运，也无法知道你有没有出事。从因果关系角度来看，可以这么讲，你们中间失联了六天。”

“那电报是用来干吗的？”汤普金斯先生提道。

“我已经假设邮件火车的速度是最大的可能速度了，这个假设在这个国家很有可能是正确的。在我们的世界里光速是最大速度，任何一个信号都没有无线电发送得快。”

“但是，”汤普金斯先生继续问，“即使邮件火车的速度不能超越，这又与同时性有什么关系呢？我和我的朋友周日依旧会同时吃午饭，不是吗？”

“不，在这种情况下，你说的东西是没有任何意义的。有一个观察者可能会同意你所说的，但是还有其他的观察者，他们站在不同的火车上进行观察，他们可能会坚持说你在吃周日的晚餐的同时你的朋友在吃周五的早餐或者周二的午餐。但是三天以外，没有任何一个人能够观察到你和你的朋友同时吃饭了。”

“但是这怎么可能呢？”汤普金斯先生难以置信地喊道。

“其实很简单，你听我讲座的时候可能已经注意到了。从不同的移动系统观察到的速度上限一定是相同的。如果我们接受这个前提，那么就可以得出这样的结论……”

不过他们的谈话被打断了，火车到站了，汤普金斯先生得下车了。

汤普金斯先生这次在海滨度假。下了火车正是大清早，他到酒店的玻璃长廊上吃早餐，一个巨大的惊喜在等着他。他对面角落那桌坐着老教授以及一位漂亮的姑娘。那姑娘兴高采烈地在跟老教授说些什么，还时不时地朝汤普金斯先生这桌瞥两眼。

“我猜我现在看起来一定傻透了，在火车上睡了一晚得多邋遢，”汤普金斯先生越想越生自己的气，“而且教授可能还记着我问他的那个关于变年轻的愚蠢的问题。不过至少我现在跟他混熟了，可以问他一些还不明白的问题。”他不愿意承认自己除了要问教授问题搭上话之外，还有其他小心思。

“噢，对的，对的，我记得在我的讲座上见过你，”他们离开餐厅的时候老教授说道，“这位是我女儿茉德，她正在学画画。”

“很高兴见到你，茉德小姐，”汤普金斯先生打招呼，心想着这是他听过的最美的名字，“我想这周边的环境一定会给你的素描提供不少美妙的素材吧。”

“她之后会给你展示她的作品的，”教授说，“小伙子你告诉我，你听我的讲座真的了解了很多知识吗？”

“是的，我了解了相当多的知识。事实上，我之前到访过一座城市，那里的光速每小时只有 10 英里，所以我亲身经历过这些物体的相对压缩，也见识过时钟上指针的疯狂举动。”

“可惜了，你错过了我接下来关于空间曲率和它与牛顿重力关系的讲座。不过现在我们坐在长椅上还有时间，我可以把这个原理解释给你。或许，你明白正空间曲率和负空间曲率之间的区别吗？”

“老爸，”茉德小姐噘嘴不满地抱怨道，“如果你又要讲物理了，那么我还是先离开去做其他的事了。”

“好，宝贝，你先走吧。”教授回答她，然后找了一把舒服的椅子坐了下来：“年轻人，我看你没有学过多少数学，但我觉得我可以很简单明了地拿一个平面给你解释清楚。想象一下，壳牌先生——你知道的，那位坐拥世界上最多加油站的商人——他决定看一看自己的加油站有没有均匀分布，比如说在美国。那么他就给在这个国家中心地带（我相信堪萨斯城被认为是美国的中心）的分公司下达指令，让他们去计算一下方圆一百英里、两百英里、三百英里及以上英里的范围里有多少加油站。他上学的时候就记得圆的面积与其半径的平方成正比，所以预计在均匀分布的情况下，加油站的数量能像数列 1，4，9，16……这样增加。然而当报告送到他桌子上的时候，他极为吃惊，报告上显示加油站实际数量增长得要慢得多，我们就说它是按照数列 1，3.8，8.5，15.0……这样增长的吧。‘怎么这么糟糕！’他怒吼道，‘我在美国的经理会不会工作！把加油站都集中在堪萨斯城附近是一个很好的想法吗？’不过他得出的这个结论是对的吗？”

将加油站遍布全美国

“他对吗？”汤普金斯先生重复道，不过他正在想其他的事呢。

“当然不对，”教授严肃地说，“他忘掉了地球表面不是一个平面，而是一个球面。在球面上，某一既定半径的面积随半径的增大而增大的速度要比在平面上慢一些。你真的不了解吗？好吧，拿一个地球仪过来，上手试一试、看一看。假设你现在在北极，半径等于一半经线的圆就是赤道，此时圆的面积是整个北半球。将半径翻倍，你就能得到整个地球的面积了。此时面积只能翻一番，而不是像在平面上一样增长到四倍。你现在明白了吗？”

“明白了，”汤普金斯先生尽力使自己不走神，问道，“那这是正曲率还是负曲率？”

“这就是所说的正曲率，你可以从地球仪的例子上看到，它对应的是具有确定面积的有限表面的情况。具有负曲率的表面，你可以看一下马鞍。”

“马鞍？”汤普金斯先生难以置信。

“是的，马鞍，或者用地球表面两座山中间的鞍形山沟举个例子。假设有一个植物学家住在一间建在这鞍形山沟里的茅草屋里，对这间茅草屋周边生长的松树的密度很感兴趣。如果他数生长在茅草屋周边100英尺、200英尺及更远地方的松树的数量，他就会发现，松树的数量比按距离的平方规律增长的速度快，是因为在鞍形面上，一定的半径所包含的面积要比在平面上大。这样的表面就被人们称为负曲率表面。如果你想把一个鞍形表面铺在一个平面上，你就得把一些地方折起来，而当你想要把一个球面铺开，如果它没有弹性，就可能需要撕开一些口才能展开。”

“我明白了，”汤普金斯先生说，“你的意思是说，尽管鞍形表面是弯曲的，但它的面积却是无限的。”

“正是如此，”教授同意汤普金斯先生的这个说法，“鞍形表面可以向每个方向无限延展，绝不会闭合。当然啦，在我这个鞍形山沟的例子里，一旦你走出这个山沟，表面就不再有负曲率了，你走到了具有正曲率的地球表面。不过你大可以想象，存在一个处处保持负曲率的表面。”

“但是如何把这个运用到弯曲的三维空间呢？”“同样的方法。假设在空间中均匀分布着物体，我的意思是指任意两个相邻的物体之间的距离都完全相同，然后再假设你想数离你不同距离的物体的数目。如果这个数目增长的速度和距离的平方成比例，那么这个空间就是平的。如果增长速度慢于或快于距离的平方，那么这个空间就具有正曲率或者负曲率。”

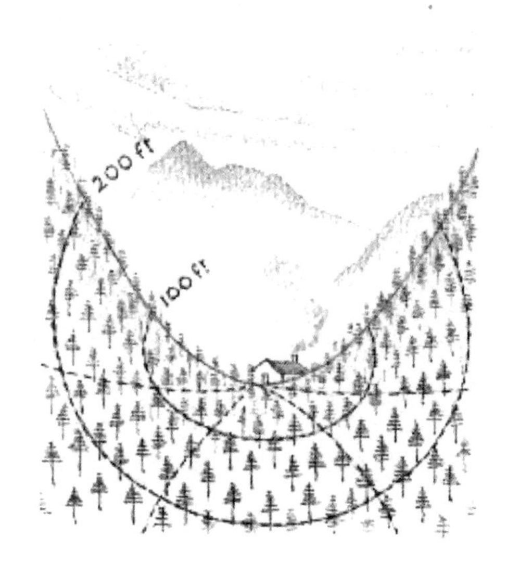


一间在鞍形山沟里的茅草屋

“所以说，在正曲率情况下，一定距离的空间容量会小一些，而在负曲率空间里，容量会大一些？”汤普金斯先生惊讶道。

“是这样的，”教授欣慰地笑道，“现在我知道你已经正确理解我的意思了。要研究我们所居住的广阔宇宙的曲率，我们就要去计算遥远的天体的数目。你可能之前听说过，巨大的星云在空间中均匀分布着，距离我们有几十亿光年远的星云我们现在还能看到，在宇宙曲率的研究中，这些星云就是非常方便的天体了。”

“所以，结论就是我们的宇宙是有限的，而且是闭合的，是吗？”

“这个嘛，”教授回答他，“这个问题实际上还没有得到解决。爱因斯坦在他最初几篇关于宇宙学的论文中阐述了，宇宙空间是闭合的，大小是有限的，时间是一成不变的。后来苏联数学家弗里德曼按照爱因斯坦的基础方程式计算，证明了宇宙可能会随着不断‘衰老’而不断扩张或者缩小。之后美国天文学家哈勃证实了这一数学性结论，他通过威尔逊山天文台的100英寸望远镜观测到，星系之间越离越远，这也就是说，我们的宇宙在扩张。但这种扩张会无止境地持续下去还是会在遥远的未来达到一个峰值之后开始收缩，还无从得知。只有通过更多、更详尽的天文观测，这一问题才可能得以解决。”

就在教授讲话的时候，他们身边似乎发生着一些异乎寻常的变化，长廊的一端变得极其窄小，把所有的家居装饰品都挤在一起，而另外一端变得极其的大，在汤普金斯先生看来，大到似乎可以容纳下整个宇宙。他脑海中闪过一个可怕的想法：要是茉德小姐在画画的那片沙滩的空间从这个宇宙中撕裂开，他就再也见不到她了！他朝门口奔去，听见教授在他身后喊道：“小心点！现在量子常数也越来越疯狂了！”他到了沙滩，那里异常拥挤，成千上万的女孩子朝各个方向奔逃着，乱作一团。“究竟怎样我才能从这人潮中找到我的茉德？”他很焦急。不过很快他注意到，所有这些女孩子看上去都跟教授的女儿一模一样，这才意识到眼前的这些都是测不准原则给他开的玩笑。下一秒迎来了一波异常大的量子常数，过后看见茉德小姐正站在沙滩上，满眼惊恐。

“噢，是你呀！”她松了一口气喃喃道，“我刚刚以为有一大群人朝我奔过来。可能是这大太阳把我晒晕了吧。等等我，我去旅馆拿顶太阳帽子戴上。”

“噢不，我们现在不要分开为好，”汤普金斯先生拦住她，“我怕这个空间的光速也在变，你要是回旅馆了说不定回沙滩的时候会看见我变成了个老头！”

“胡说，”女孩笑嗔，不过还是和汤普金斯先生拉起了手。不过在回旅馆的半路上，又来了一波不确定量子常数冲向他们，于是整片沙滩上都是汤普金斯和女孩的身影。与此同时，近处山丘那一块的空间开始折叠，把周边的岩石和渔夫们的屋子挤成了滑稽的形状。太阳光也受到了巨大的引力场的偏斜，完全从地平线消失，汤普金斯先生陷入了无尽的黑暗。

似乎是过了一个世纪之久，心上人的声音把他的意识拉了回来。

“哈哈，”女孩笑道，“我猜父亲关于物理的长篇大论把你催眠了。今天水温正好，你愿意跟我一起去游泳吗？”

汤普金斯先生听了立刻从舒适的椅子上弹起来。“所以这一切不过是梦啊，”他失望地想着，不过走向沙滩的路上他又燃起了希望，“或者这正是梦的开始呢！”

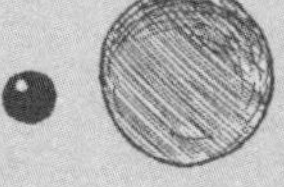

# 第4章

# 教授关于弯曲空间、引力和宇宙的讲座

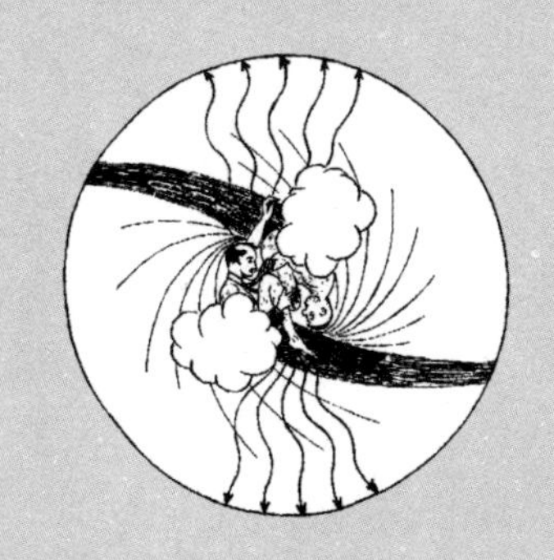

女士们，先生们：

今天我将要讨论的问题是关于弯曲空间以及其与引力现象的关系。你们中的任何一位都能够很容易地想象出一条曲线或者一个曲面，对于这点，我丝毫没有怀疑。不过一旦提到三维的弯曲空间，你们的脸就会拉得老长了，你们会想，这是某种极不寻常近乎超自然的东西。那么是什么原因让人们普遍对弯曲空间产生“恐惧”？难道这个概念真的比曲面的概念更难理解吗？要是你们稍微思考一下，你们当中就有很多人可能会说，难以想象出一个弯曲空间是因为无法像观察一个球的弯曲的表面，或者打另外一个比方，观察尤其是像马鞍一样弯曲的表面，来“从外部”对它进行观察。然而，说这些话的人不过是证明了他们自己并不懂曲率的严格数学意义而已。实际上，曲率一词的数学意义与它普通的用法是大不相同的。我们数学家将某个面称为曲面，是因为在这个面上所画的几何图形的性质不同于在平面上画的同一几何图形的性质，我们是以它偏离欧几里得古典法则的程度来测量它的曲率。如果你在一张平面的白纸上画一个三角形，那么正如你从基础几何学中学到的，这个三角形内角的总和就等于两个直角之和。你可以将这张纸弯成圆柱形、圆锥形，甚至是更加复杂的形状，但是在纸上的三角形的内角和依旧保持等于两个直角。

这种表面的几何性质不随上述的这些形变而改变，从“内在”曲率的角度来看，形变后所形成的表面（在一般概念中是弯曲的）就和平面一样平坦。但是如果你不把一张纸撕开，就无法把它与一个球面或者鞍形面完全贴合，而且假设你想要在一个球体上画一个三角形（即球面三角形），那么欧几里得那些几何学基本原理就不再成立了。事实上，举个例子，我们可以用北半球任意两截经线与两者间的那段赤道形成一个三角形，那么这时这个三角形的两个底角都是直角，而顶角则可以是任意大小的角度。在这样的情况下，三角形的内角和就大于两个直角了。

恰恰相反，你会很惊讶地发现，在一个鞍形面上，三角形的内角和永远会小于两个直角。

这么看来，决定一个表面的曲率就需要研究这个表面的几何性质，而从外部来观察这一方法往往是具有误导性的。仅仅通过这种观察，你可能会将圆柱面与环面划为同一类别，而事实上圆柱面是平面，而环面是无法矫正的曲面。一旦你习惯了曲率这一新的严格的数学概念，就不再难理解物理学家们在讨论我们所居住的空间是不是弯曲的时候所指的是什么意思了。关键问题就是要找出物理空间中的几何性质能不能符合欧几里得基本定理。

不过，当讨论实际的物理空间的时候，我们首先要做的就是给出几何学中术语的物理定义，尤其是要阐明我们所理解的构成形状的直线的概念。

我猜在座的各位都明白，一条直线段最为广泛的定义就是两点间最短的距离。在两点间拉一根细绳就可以得到这条直线段，或者也可以通过另外一个类似但又更加精细的过程得出，即通过实验来找到两点之间存在一条线段，它测量出来的长度是最小的。

为了证明这些找直线的方法所得出的结果是取决于物理条件的，让我们想象有一个巨大的圆形平台，它绕着自己的轴匀速地转动着。一位实验者想要测量出这个圆台外围两点间的最短距离。他手里有一盒子的小尺子，每个五英寸长，他将它们一个一个以最少的数量从一个点连接到另一个点。如果这个平台没有在旋转，那么他摆出尺子的线路就如图中我们虚线所示。

科学家们正在一个旋转的平台上测量什么

但是由于平台的旋转，正如我之前的讲座中所说的，他手中的测量尺正在经历着相对论性收缩，所以那些更靠近平台边缘（也因此具有更大线速度）的尺子要比靠近中心的尺子收缩更多一些。所以就明确了，为了使每个尺子覆盖的距离尽可能大，实验者就需要尽可能地把它们往圆的中心放。但是，既然直线的两端固定在圆的边缘，要将直线中间段的尺子移得太靠近中心也是不对的。

所以两种情况中和一下就可以得出结果，即圆上两点间的最短距离是向圆心轻微凸起的一条曲线。

如果实验者们不用一个一个单独的尺子，取而代之的是在两点之间拉一条线，那么得出的结果明显是一样的。因为这条线的每一部分都和单独的尺子一样，受着相对论性收缩的影响。在此我想强调的是当圆台开始旋转时，实验者们拉的线条所发生的形变与离心力产生的影响毫无关系。实际上无论这根线条的拉力有多强，这种形变都是不会变的，更不必在意普通的作用在相反方向的离心力。

假设现在圆台上的观察者想要验证自己得出的结果，将自己得到的直线与一束光线做对比，那么他将会发现那束光线就沿着他拉的那条直线传播。当然，站在圆台边的观察者们，在他们看来，光线根本没有弯曲，而是会将站在圆台上移动的观察者们得出的结果解释为忽略了平台的旋转与光线的直线传播，然后告诉你，如果你在旋转的留声机唱片上画一条直线，唱片上的划痕也一定是弯曲的，而不是直的。

然而，站在旋转的圆台上的观察者们认为，把他所看到的曲线叫成直线也是非常有道理的。它是两点间最短的距离，而且它恰好与他所在的参照系里的光线重合。假设此时他在圆的边缘选三个点，然后将它们用直线连上，从而形成一个三角形。那么在这个例子中，三角形内角的和就小于两个直角，由此他可以正确地得出结论说，他所处的空间是弯曲的。

再举一个例子，让我们假设在圆台上的另外两个观察者（2 和 3），他们决定通过测量圆台的直径和周长来确定数据。2 号观察者的测量尺不会受到旋转的影响，因为它的移动方向总是与它本身相垂直。而 3 号观察者的测量尺会随着圆台的旋转而收缩，所以他得出的圆周长会比静止的圆台的圆周长长一些。将 3 号得出的结果数据除以 2 号观察者的数据，我们会发现得出的结果比教材书本上给出的 $\pi$ 值要大，这再一次证明了空间曲率的存在。

不仅是长度的测量会受到旋转运动的影响。据我之前的讲座内容，放在圆周边的手表具有相对较大的速率，因此也会比放在圆心的手表走得慢一些。

假设两位实验者（4 和 5），他们在圆盘的中心对过了表。然后 5 号实验者带着表在圆盘边站了一段时间，回到圆心后发现他的表比一直待在圆心的 4 号实验者的表慢了许多。由此他会得出结论，在圆盘的不同地方，物理进程的速率都各不相同。

再假设现在我们的实验者们停下实验，对他们刚刚在几何学测量中得出的异常的数据进行小小的反思。同样假设圆台此时是封闭的，形成了一个旋转的没有窗户的房间，这样实验者们就不会通过周边环境的移动而发现自己在旋转。那么在这样的情况下，撤去平台相对于“静止的平地”做旋转运动的因素不谈，他们能不能把在平台上观察到的所有现象都解释为物理条件呢？

通过对比寻找圆台上的物理条件和“静止平地”上的物理条件，就可以解释所观察到的几何性质的变化了。实验者们会立刻注意到，存在一个新的力量，将平台上的所有物体都从圆心往边缘方向拉去。自然而然地，他们将这些观察到的现象归因于这种力的作用。在这种新的力的作用下，两只手表中距离圆心较远的那只手表走得会相对慢些。

但这种力真的是“新的”力吗？从来没有在“静止的平地”上出现吗？我们没有观察到所有物体都被所谓的重力撤离地球中心吗？当然，在一个案例里，我们的注意点在圆盘的边缘，而在另一个案例里，我们的注意点在地球中心。但是这两个案例唯一存在的一个不同就是力的分布。不过，我很容易就可以给你另外一个例子。与我们现在这个会议室所处的重力场极为类似的一个参照系中，不匀速的运动形成了“新的”力。

假设有一艘专门进行星际航行的宇宙飞船，自由地飘浮在太空的某个地方，离任何一颗恒星都很遥远，所以飞船内不受任何引力的作用。因此，在这样一艘飞船里的所有物体，包括身在其中的实验者们，他们都没有任何重力，他们自由地在空气中飘浮着，就像凡尔纳著名的小说中阿尔丹和他的旅伴在飞往月球的途中一样。

此时，引擎发动了，我们的飞船开始移动，渐渐地速度增快了。那么飞船里面将会发生什么呢？很容易就能看出，只要飞船在加速，它内部的所有物体都会显示出朝飞船底部运动的倾向，或者可以换句话说，同样的意思，飞船底部将朝着这些物体运动。假设，我们的实验者手里拿着一个苹果，然后放手，那么这个苹果会以固定的速度继续运动（相对于飞船外的恒星来说），这一速度就是放开苹果那一瞬间飞船移动的速度。但飞船本身一直在加速，结果就是船舱底部一直运动得越来越快，最终赶上了那个苹果并且撞上它，自这个瞬间往后，苹果将永远与船舱底部保持接触，并以稳定的加速度压在船舱上。

而在飞船内的实验者看来，这一系列过程就像是苹果以一定的加速度在“下落”，然后在击中底部之后凭着自身的重力压在底部。扔下不同的物体，他就会进一步发现所有这些物体掉落的加速度都相同（如果他忽略空气的摩擦），然后就会想起来这正是伽利略所发现的自由落体定律。事实上，他根本不能发现在他加速的船舱中的现象和一般重力现象之间最细微的差别。他可以使用带钟摆的时钟，把书摆在书架上也不用担心它们会飞走，也可以在钉子上挂一幅爱因斯坦的肖像，正是爱因斯坦首先提出了参照系的加速度与重力场是等效的，他还以此为基础发展出了广义相对论。

但是在这里，就像第一个旋转的圆台的例子一样，我们也会发现伽利略和牛顿在研究重力时所不知道的现象。穿过船舱的光线将会弯曲，投射到对面墙上挂着的屏幕上的不同位置，当然，这可以解释为光的匀速直线运动与船舱加速度运动相叠加的结果。船舱内的基础几何定理也必定是不成立的。三条光线组成的三角形的内角和会大于两个直角，而一个圆的圆周与其直径的比将大于通常的数值 π。在这里，我们所考虑的两个加速度系统是最简单的例子，不过上面所阐述的等效性对于任何一个刚性的或可变形的参照系的运动也同样成立。

现在我们就要面临最重要的问题了。我们刚刚在一个加速的参照系中观察到了许多在一般重力场中未被观察到的现象。那么这些新现象，比如光线的弯曲或者钟表的走慢，在可测质量所产生的重力场中是否依旧存在？或者换句话说，加速度的影响与重力的影响不仅是相似的，更是一致的？

尽管从启发式的观点来看，将这两种影响效果视为完全一致是很有诱惑力的，但是很明显只有通过直接的实验才能得到最终的答案。人类非常重视宇宙定理的简单性和内部统一性，令人类非常满意的是，有实验证明这些新的现象同样也存在于一般重力场。当然，由加速度与重力场等效关系假设所推测出的效应是非常小的，这就是为什么直到科学家们开始专门研究它们时才观察到它们的原因。

以上面所讨论的加速系统为例，我们很容易就能估算出两大最重要的相对论引力现象的数量级。

首先，我们以旋转的圆盘为例。由基本力学得知，作用在离中心的距离为 $r$ 的粒子上的离心力，可由以下公式算出：

$$F = r\omega^2 \qquad (1)$$

其中，$\omega$ 是圆台旋转时固定的角速度。这个力在该粒子从中心运动到边缘时所做的总功是：

$$W = \frac{1}{2} R^2\omega^2 \tag{2}$$

其中，$R$ 是圆台的半径。

根据上述等效原则，我们应该把 F 看作圆台上的重力，而把 $W$ 看作圆心与边缘之间的引力势之差。

现在我们必须记得，正如我们在上一回讲座中所看到的那样，以速度 $v$ 运动的时钟走得慢一些是由于这个因素：

$$\sqrt{1-\left(\frac{v}{c}\right)^2} = 1-\frac{1}{2}\left(\frac{v}{c}\right)^2+\cdots \tag{3}$$

如果 $v$ 与 $c$ 相比较小，我们可以忽略第二项以后的各项。根据角速度的定义，$v=R\omega$，那么时钟的“减慢因子”就是：

$$1-\frac{1}{2}\left(\frac{R\omega}{c}\right)^2 = 1-\frac{W}{c^2}, \tag{4}$$

这是用两个地点的引力势差来造成时钟速率的改变。

如果我们将一个时钟放在埃菲尔铁塔的底部，一个放在塔顶（约 300 米高），它们之间的势差非常小，所以塔底时钟的减慢因子只有 0.999 999 999 999 97。

然而，地球表面与太阳表面两者间的引力势差就大很多了，由此产生的减慢因子就是 0.999 999 5，这可以通过极为精密的仪器测量到。当然，并不会有人真的把普通的时钟放到太阳表面上，然后观察它的走针！物理学家们有更巧妙的方法。利用分光计，我们可以观察到太阳表面上各种原子的振动周期，并把它们与同一元素的原子在实验室中的本生灯火焰中的振动周期做比较。在太阳表面，原子的振动应该会慢一些，受到了上述公式（4）可计算出的减慢因子的影响，这些原子所发出的光也应该比地面光源的光红一些。这种“红移”实际上已经在太阳的光谱中观察到了，其他一些可以精确测量的恒星的光谱中也能够观察到，观察到的结果与我们的理论公式所给出的值相符合。

因此，“红移”的存在恰好证明了由于太阳表面具有更大的引力势能差，所以太阳上发生的运动会慢很多。

要测量重力场中光线的曲率，用之前举的飞船的例子会方便一些。如果 $l$ 是光线穿过船舱的距离，那么光线走过这段距离的时间 $t$ 为：

$$t=\frac{l}{c} \qquad (5)$$

在这段时间内，以加速度 $g$ 运动的飞船所飞过的距离 $L$，根据基础力学公式可以得出：

$$L=\frac{1}{2}gt^2=\frac{1}{2}g\frac{l^2}{c^2} \qquad (6)$$

因此，表示光线方向改变的角度具有以下的数量级：

$$\Phi=\frac{L}{l}=\frac{1}{2}\frac{gl}{c^2}\text{ 弧度} \qquad (7)$$

光在引力场中走过的距离 $l$ 越大，弧度 $\Phi$ 就越大。在这里，飞船的加速度 $g$ 当然可以被解释为重力加速度。如果我现在让一束光线穿过这个会议厅，我可以粗略地取 $l$=1000 厘米。地球表面重力加速度 $g$=981 厘米 / 秒 $^2$，$c=3\times10^{10}$ 厘米 / 秒，那么我们可以得到：

$$\Phi=\frac{100\times981}{2\times(3\times10^{10})^{2}}\text{ 弧度 }=5\cdot10^{-16}\text{ 弧度}=10^{-10}\text{ 弧秒} \quad (8)$$

这样你就可以看出，在这样的条件下，光线的曲率是肯定不能被观察到的。然而在靠近太阳表面的地方，$g$=27 000 厘米 / 秒$^2$，而且光线在太阳引力场中穿过的距离是非常远的。有精确的计算表明，一束光线在太阳表面附近通过时的偏转值应该是 1.75 弧秒。这正好与天文学家在日全食时观察到的，太阳旁边的恒星视位置的位移值相同。所以现在你也可以明白，这些观察向我们完全展示了加速度的效应及引力的影响。

现在我们可以回到关于空间曲率的问题了。你们应该还记得，我们给直线以最合理的定义，从而得出了结论，认为在非匀速运动的参照系中所得到的几何图形是不同于欧几里得几何定理的，这样的空间应该被认为是弯曲空间。既然任意一个重力场都与同一参照系中的某个加速度等效，那么就意味着任何一个有重力场存在的空间都是弯曲空间。或者，进一步说，重力场只是弯曲空间的一个物理表现。因此，每一点上的空间曲率都应该由质量的分布来决定，在质量重的物体附近，空间曲率应该达到它的最大值。描述弯曲空间的性质和它们与质量分布的关系的数学公式相当复杂，我在这里就不深入介绍了。我只想提醒一点，这个曲率一般不是取决于一个量，而是取决于十个不同的量，即通常为大家所知的重力势的分量 $g_{\mu\nu}$，它们是我之前用 $W$ 表示的古典物理学重力势的一般化。相对应地，每个点的曲率也是由十个不同的曲率半径来描述，通常写成 $R_{\mu\nu}$。爱因斯坦提出的基础方程式解释了这些曲率半径与质量分布的关系：

$$R_{\mu\nu}=\frac{1}{2}g_{\mu\nu}R=-KT_{\mu\nu}, \qquad (9)$$

在该公式中，$T_{\mu\nu}$ 取决于密度、速度和质量所产生的重力场的其他性质。

在本场讲座的尾声，我想再提一提关于以上这个公式（9）的一个最有意思的结论。如果我们所考虑的是质量均匀分布的空间，比如我们这个分布着恒星和星系的空间，我们可以得出一个结论，除了在各个分开的恒星附近偶尔出现很大的曲率以外，整个空间通常会倾向于在长距离上均匀地弯曲。从数学上来讲，该公式有几个不同的解，一些解得出的结论是我们的空间最终会自我封闭，因此具有有限的体积；而另外一些解得出的结论是这个空间相当于我在讲座开始提到过的鞍形面，是无限空间。这个公式第二个重要的结果是，这样的弯曲空间应该处在稳定的膨胀或收缩中，在物理学上这就意味着分布在这个空间中的粒子应该会不断飞离彼此，或者恰恰相反，彼此不断靠近。此外，它还向我们展示了，对于具有有限体积的封闭空间，膨胀和收缩是周期性的相互交替的——这就是所谓的脉动宇宙。而另外，无限的“鞍形面”空间则永恒地处在收缩或膨胀的状态中。

在所有这些在数学上的可能性中，有哪一个可以与我们所居住的这个空间相对应呢？这个问题不仅需要物理学家的解答，还需要天文学家的研究。在此我不对这个问题进行深入探讨。我只提一下，截至目前，天文学中所得到的证据无疑证明我们的空间在膨胀，至于这个膨胀将来会不会转为收缩，这个空间大小是有限的还是无限的，这两个问题尚未得到明确解答。

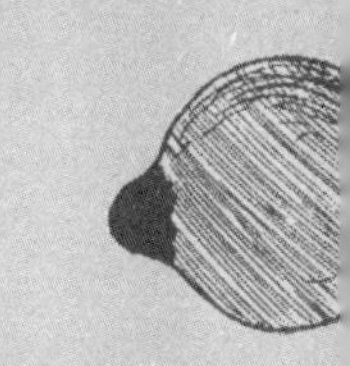
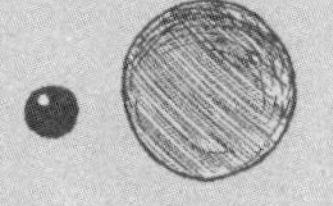

# 第5章 脉动宇宙

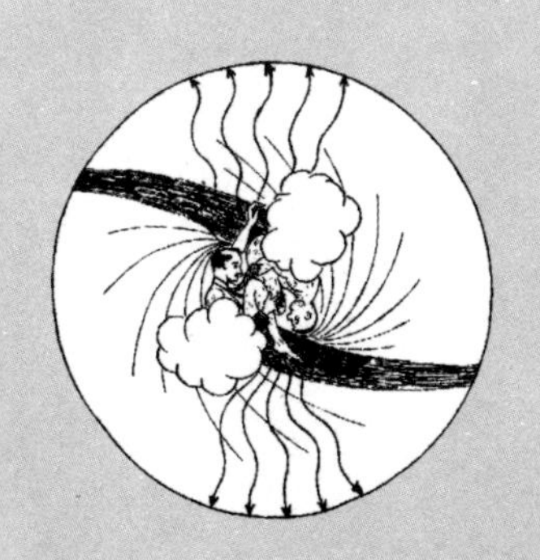

在沙滩酒店的第一晚，他们三人吃完晚餐后，汤普金斯先生与老教授侃侃而谈宇宙论，又和教授的女儿茉德聊了一会儿艺术，最后终于回到自己的房间，瘫倒在床上，把毯子拉过来盖过了头顶。在他混沌的大脑里，包提柴里和邦迪、达里和霍伊尔、勒梅特和拉封丹，这些艺术家们乱乱糟糟混作一团。最后他沉沉地睡了过去……

午夜的什么时候，他醒了过来，有一种奇怪的感觉，好像没有躺在舒适的弹簧床上，而是躺在某个硬邦邦的东西上面。他睁开眼睛，发现自己趴在一个地方，他第一反应认为是海岸上的一块大岩石上。之后他发现自己确实是趴在一块直径大概九米的巨大的岩石上，不过这块岩石悬浮在空间中，没有肉眼可见的东西支撑着它。岩石上有一些绿色的苔藓覆盖着，在一些地方还有小小的灌木丛从岩石的缝隙中冒出来。岩石周围的空间有朦朦胧胧的光照着，不过还是非常昏暗。事实上，他从未见识过空气中有这么多的灰尘，就算是在拍摄美国中西部尘暴的影片中也没有见过。他用手帕盖住鼻子，顿时感觉呼吸顺畅了许多。不过，在周围的空间中，有一些比灰尘更危险的东西。常常有像他脑袋那般大甚至更大的石头绕着他的那块岩石在空间里打转，偶尔还会撞到岩石发出奇怪的、沉闷的巨响。他也注意到了，有一到两块同他现在这块差不多大的岩石，在离他有一定距离的空间中飘浮着。从醒来到现在，整个过程中，他一边审视着周围的环境，一边紧紧抱住岩石边凸起的地方，生怕掉下岩石落入下面灰蒙蒙的深渊中。不过很快，他的胆子大了一些，尝试着朝岩石边缘爬去，想看看岩石下面是不是真的没有什么东西支撑着它。在他爬的一路上，他非常惊讶地注意到，他并没有掉下去，而且尽管所爬的路程已经超过了岩石圆周的四分之一，他的身体还是被自己的体重紧紧压在了岩石上面。在他最初醒来的地方的背面，有一条由松松散散的石头组成的脊背，他从脊背后面看去，发现确实没有东西支撑着这块岩石。不过，让他更为惊讶的是，昏暗的光线中照出了他的老朋友高高的身影，老教授明显是头朝下地站着，在他的袖珍笔记本上记着些什么。

现在，汤普金斯先生才慢慢开始明白发生了什么。他记得学生时代学到过，地球是在太空中绕着太阳自由转动的一个又大又圆的石头。他还记得有一幅图，上面有两个小人站在地球相对的两个对跖点上。是的，他现在身下的这块岩石就是一个非常小的行星，把周围所有的东西都吸到它的表面，而他和老教授是这个小小的星球上仅有的两个人类。想到这里，他稍稍获得了一点安慰，至少没有掉下去的危险了！

“早上好呀！”汤普金斯先生打起了招呼，想把老教授的注意力从计算中拉出来。

老教授从他的笔记本上抬起眼睛。“这里没有早晨，”他回答道，“在这个宇宙中既没有太阳，也没有一颗会发光的恒星。很幸运的是，这里的各个物体表面都展现出某些化学反应过程，否则我现在就不能观察到这个空间的膨胀了。”话毕，又把头转回到笔记本上。

汤普金斯先生感到十分郁闷。好不容易在这整个宇宙中遇到了一个活人，然而这个人却如此不善言辞！意想不到的是，一颗小小的流星帮了他大忙。这块石头啪”的一下砸中了教授手中的笔记本，把它砸飞，于是笔记本就离开了这个行星，向空间飞去。“现在你再也看不到它了吧。”汤普金斯先生看着笔记本飞得越来越远，向空间深处飞去，说道。

“恰恰相反，”教授回答道，“你看，我们现在所处的这个空间并不是无限膨胀的。噢，是的，对的，我知道你在学校里老师们告诉你空间是无限的，两条平行线永远不会相交什么的。但其实，无论是在我们现在所处的空间，还是在其他人类生存的那个空间，这个观点并不准确。其他人类生存的那个空间确实非常大，科学家们估算它目前的直径大约是 10 000 000 000 000 000 000 000 千米，这在我们正常人看来，相当于是无限大了。如果我是在那个空间里丢了笔记本，那要等相当长的一段时间它才会飞回来。然而在这里，情况大有不同。就在笔记本脱手的前一秒，我已经计算出了这个空间的大小，尽管它在迅速膨胀，但现在它的直径大概只有八千米。我猜不超过半小时，笔记本就会自己飞回来。”

这里没有早晨

“但是，”汤普金斯先生小心翼翼地问道，“你的意思是，你的笔记本将会像澳大利亚回旋镖一样，画个弧线最后还会落到你的脚边？”

“不是这回事，”教授回答他，“如果你想要理解真正会发生什么情况，请假设有一个古希腊人，他并不知道地球是一个球体，有一天给某个人指路，让那个人一直往北走。那么请想象一下，当那个人最后从南边朝他走来的那一刻，他会有多么震惊。这位古希腊人没有周游世界的概念（在这个例子里我指的是环地球），所以他一定是认为那个被指路的人迷了路，然后绕了一圈走回了原点。而事实上，这个人确实是按照我们可以在地球上画的最笔直的一条路线在走，最终他绕了地球一圈，从相反的方向回到了起点。我的笔记本同样也会这样，除非它在半路上撞到了什么石头偏离了原本的轨道。来，拿着这个望远镜，看看现在你还能不能看见它。”

汤普金斯先生把眼睛凑上了望远镜，透过那些把整个画面弄得模糊不清的灰尘，他成功地看到教授的笔记本，正穿过空间飞得越来越远。他眼中远处的所有物体，包括那本笔记本，都散发着粉色的光芒。他感觉有点惊讶。

“天哪，”过了一会儿，他大声喊道，“你的笔记本回来了！我看见它变得越来越大了！”

“不是的，”教授说，“它还在飞远。你看到它越来越大就好像是飞回来一样，其实是由封闭的球形空间对光线有一种独特的聚焦效应而引起的。让我们再回到那位古希腊人身上。如果光线能一直沿着地球的曲面往前走，我们就说是大气的折射作用吧，他也能用上性能最好的望远镜，在整个过程中都观察着被指路的人。如果你看着地球仪，你就会看见在它的表面那些最直的线——经线，首先是从极点分散开来，然后穿过赤道，接着朝另一个极点汇聚。如果光线是沿着经线走，而你站在一个极点上，你就会看见一个离你越来越远的人变得越来越小，直到他穿过了赤道。此后，你就会发现他变得越来越大，就好像他在往回走。当他到达了另一个极点，你看他就跟站在你身边一样大。然而你并不能触碰到他，就像你不能碰到球面镜中的影像一样。基于这个二维的比喻，你可以想象在这个奇怪的弯曲的三维空间里光线会发生什么情况。现在，我想，笔记本的画面已经离我们很近了。”事实上，汤普金斯先生放下了望远镜，发现笔记本已近在咫尺了。不过它看起来十分奇怪！它的轮廓模模糊糊，就好像在水里泡过一样，教授在纸上写的公式也很难辨认，整本笔记本看起来就像是失焦了又没有洗好的照片。

“现在你看，”教授说，“这只是笔记本的图像而已，由于光线穿过了半个宇宙，这图像已经被严重扭曲了。如果你要想完全相信我现在说的，就看看你能不能透过笔记本看到它身后的石头。”

汤普金斯先生试着去够那个本子，但是他的手却毫无阻拦地穿透了笔记本的图像。

“那真正的笔记本，”教授继续说，“其实已经非常靠近宇宙的另一个相对的极点了，你现在在这里所看到的是它的两张图像。另一张图像就在你身后。当两张图重合在一起的时候说明那个本子就到达了另一个极点上。”汤普金斯先生并没有听进去，他深深地陷入了自己的思考中，努力想回忆起在基础光学课上，物体是如何通过凸面镜和透镜成像的。当他终于放弃回忆的时候，两个重合的图像又朝着相反的方向后退回去了。

“那是什么让这个空间弯曲了，造成了所有这些滑稽的效应呢？”他问教授。

“因为有可测质量的存在，”教授这么回答，“当牛顿发现万有引力定律的时候，他认为重力就只是一种普通的力，比如说，就和两个物体间拉开的弹簧所产生的力是同一类型的。但有一个神秘的现象，就是所有的物体，无论大小与质量，总是有着相同的加速度，在重力的作用下总是以同样的方式运动。当然啦，前提是你消除了空气的摩擦力之类的影响因素。爱因斯坦首先清楚地指出，有质量的物体最主要的作用就是产生空间曲率，在引力场中所有物体运动的轨迹都是弯曲的，因为空间本身就是弯曲的。但我觉得这对于你来说太难理解了，因为你没有充足的数学知识。”

“是的，我数学知识确实不丰富。”汤普金斯先生说着，“但请你告诉我，如果没有有质物体，那么我在学校所学的几何学知识是不是就不存在了，那么两条平行线是不是还是永远不会相交？”

“它们不会相交的，”教授回答他，“但是也没有什么物质的东西来验证会不会相交了。”

“好吧，也许欧几里得从未存在过，所以才能创建一个绝对空虚的空间的几何学？”

显然老教授不喜欢这样的形而上学的讨论。

与此同时，沿着最初的方向越飞越远的笔记本的图像，开始再一次往回飞了。但这次它的图像比之前的还要支离破碎，根本无法辨别，这一现象按照教授的说法就是，由于光线已经绕着整个宇宙飞了一圈了。

“如果你再一次回过头来看看，”教授对汤普金斯先生说，“我的笔记本在完成了环宇宙之旅之后回到了我的手中。”说着，他伸出手把书抓住，然后塞进了自己的口袋里。“你瞧瞧，”他说，“这个宇宙里到处都是灰尘和石头，我们几乎没有办法看一看周围的世界了。你可能会注意到我们周围这些无定形的影子，很有可能就是我们自己的图像和周边物体的图像。只不过它们被灰尘和空间曲率的不规则形挤变形了，所以我也不能给你指哪个是哪个。”

“那在我们原来生活的那个大宇宙中是不是也有相同的效应发生呢？”汤普金斯先生问道。

“是呢，”教授回答，“不过那个宇宙太大了，绕一圈需要十亿光年。如果没有镜子的话，你也可以看到自己后脑勺的头发剪得怎么样，只要等到你剪完头发十亿年后就能看到了。此外，很有可能星球之间的灰尘会把你后脑勺的图像完全模糊掉。顺便说一句，一位英国天文学家曾经有一次设想过，当然更多的是开个玩笑啦，说现在我们能看到的一些星星可能就是很久以前存在过的星星的图像，而现在其实已经没有了。”

已经疲于花脑力去理解教授给的所有解释，汤普金斯先生环顾四周，惊讶地注意到，天空的图案明显地变了！现在周围似乎尘埃少了很多，于是他摘下了原来一直遮住鼻子的手帕。小石头也没有那么频繁地从身边飞过，撞击岩石的力道也轻了不少。最后他发现，起初他注意到的那几块大岩石，已经飘得很远了，以现在这个距离很难看见了。

“真好，生活正变得越来越舒服了，”汤普金斯先生这么想。“我之前一直在害怕那些飞着的石头会不会砸到我。现在周边环境变化了，您能给我解释一下吗？”他转向教授问道。

“很简单，我们这个小宇宙正在飞快地膨胀，我们在这儿的这一段时间里它的直径已经从八千米膨胀到一百六十千米了。我一发现自己身处此地，就从远处物体变红的现象中注意到这一点了。”

“是的，我也注意到在很远的地方，所有的物体都在变红，”汤普金斯先生接话，“但这现象又怎么意味着空间的膨胀呢？”

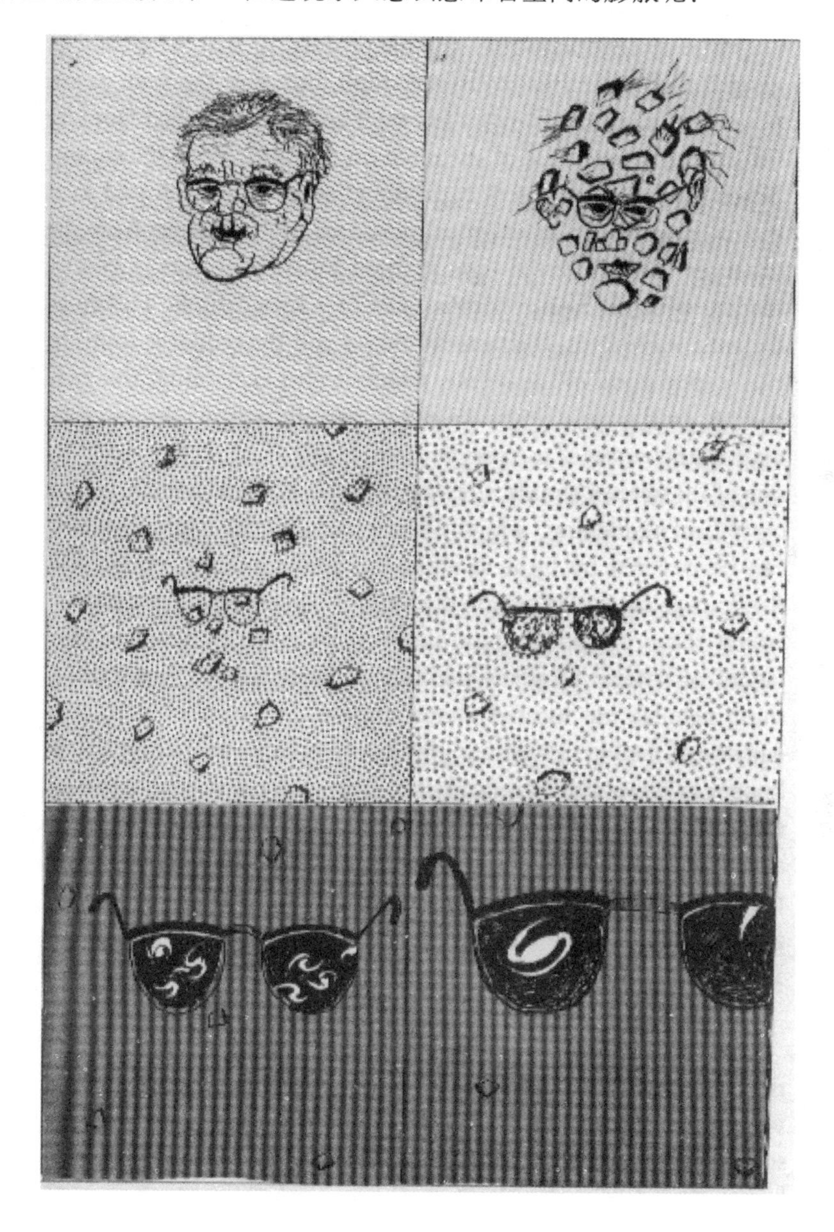

宇宙在膨胀，碰到极限后再冷却下来（该图改编自《悉尼每日电讯报》1960 年 1 月 16 日的一幅卡通）

教授说：“你有没有注意到，一列朝你开过来的火车的汽笛声听起来非常刺耳，但当这列火车从你身边开过去之后，声调就变得低了许多？这就是所谓的多普勒效应：音高取决于声源的速度。当整个宇宙在膨胀的时候，其中的每一个物体都会飞离，飞离的速度与它们和观察者之间的距离成正比。因此，从这样的物体中发射出的光就会变得红一些，在光学中，就对应了比较低的频率。距离越远，它移动的速度越快，我们看它就越红。我们原来居住的那个美好的宇宙，它也在膨胀，这种变红现象，或者我们称为红移，有助于天文学家们测出非常遥远的星系的距离。打个比方，一个离我们最近的星系，叫作仙女座星系，它显示出的红移是 0.05%，这意味着离我们的距离是 80 万光年，光线要用 80 万年的时间才能走完。但还有一些星云已经处在我们现有的天文望远镜的极限中，它们显示出的红移为 15%，这意味着它们与我们的距离是几百亿光年。这么推测下来，这些星云几乎处在整个大宇宙的赤道的中间点上，那么现在陆地上的天文学家们知道的空间的总体积不过只是整个宇宙的总体积的一个较大的部分而已。现在空间膨胀速率约为每年 0.000 000 01%，每一秒整个空间的半径增长一千万英里。我们现在的这个小宇宙的膨胀速率相对快很多，每分钟直径扩展约 1%。”

“那么这种膨胀永远不会停止吗？”汤普金斯先生问道。

“当然会停止的，”教授回答他，“然后收缩就开始了。每一个宇宙都在一个非常小的半径和一个非常大的半径之间脉动着。对于大宇宙来说，它的周期相当长，可能是几十亿年，而对于我们这个小宇宙，可能周期就只有两个小时。我想我们现在看到的应该是膨胀到最大的状态。你注意到现在宇宙变得有多冷了吗？”

事实上，那个充斥在整个宇宙中的热辐射，现在已经分布在非常大的体积中，只能为他们所在的这个小小的星星提供非常少的热量，气温已经接近冰点了。

“我们很幸运，”这时教授继续说，“原本这里的热辐射足够多，即使是在这样膨胀的状态下也能提供一些热量。否则这里就会变得极度寒冷，岩石周边的空气都会凝结成液体，我们会被冻死。不过宇宙的收缩已经开始了，很快就会变得温暖起来。”

看向天空，汤普金斯先生注意到所有物体已经不再是粉色了，而是变成了紫蓝色，按照教授所讲的，这是由于所有星体都在开始朝他们靠过来。他同时也想到了教授拿鸣着刺耳汽笛行驶过来的列车举的例子，顿时害怕得颤抖起来。

“如果现在所有东西都在聚集，我们难道不应该想到宇宙中所有的大岩石很快都会聚到一起，然后我们就会被它们压得粉碎吗？”他焦虑不安地问着教授。

“确实是这样，”教授冷静地回答他，“不过我想在此之前气温会升得极高，我们会被分解成一个一个的原子。这就是我们那个大宇宙末日的缩影——所有的一切都混在一起，形成一个均匀的热气体球，只有新一次的膨胀才会开始新的生命。”

“我的天哪！”汤普金斯先生嘀咕道，“正如你提到的，在我们原来的大宇宙中，还要经过几十亿光年才会有宇宙末日，但现在，这一切发生得太快了！尽管穿着睡衣，我已经感觉到热了。”

“最好不要把睡衣脱了，”教授说，“不管用的。你只要躺下，能观察多久就观察多久吧。”

汤普金斯先生没有应答。空气已经热到无法忍受。灰尘现在也很稠密，把他包了起来，他现在感觉自己就像被卷在一条柔软温暖的毯子里。他做了个动作想挣脱开来，于是他的手伸到了凉凉的空气中。

“我是在这不宜居的宇宙中戳了一个洞？”他第一反应是这个。他想要问教授，但怎么也找不到他。相反，在朦胧的晨曦中，他认出了熟悉的卧室家具的轮廓。他正躺在床上，紧紧地裹着一条羊毛毯，好不容易才从其中解放出一只手出来。

“新的生活从膨胀开始，”他想起了老教授的话，“谢天谢地，我们已经在膨胀！”于是他起床洗了个澡。

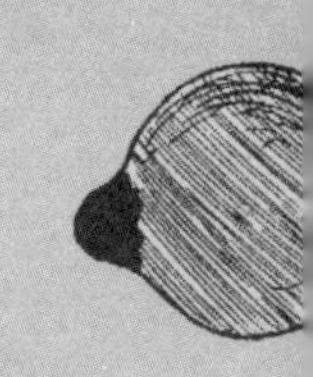
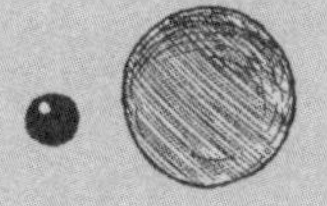

# 第6章 宇宙歌剧

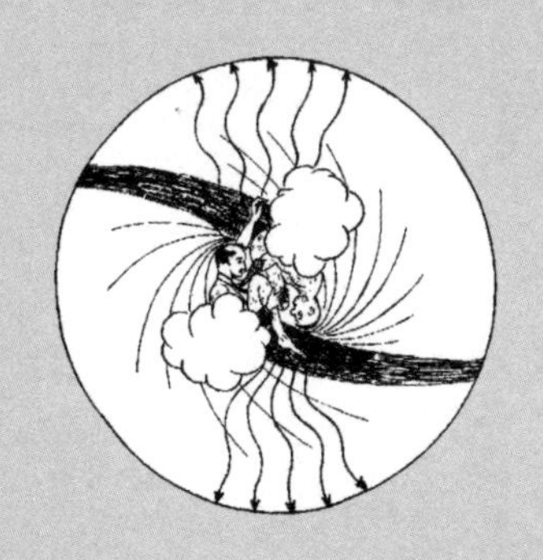

▼
▽

第二天早上在吃早餐的时候，汤普金斯先生给老教授讲了前天晚上的梦，教授听得将信将疑。

教授说："宇宙的坍塌，当然是一个很戏剧性的结尾，但我认为星系共同退行的速度之快以至于现在的宇宙膨胀根本不会走到坍塌这一步。而且在我看来，我们这个宇宙会一直膨胀，没有极限，太空中星系的分布也会越来越稀疏。当星系中所有的恒星都耗尽了自身的核燃料，那么这个宇宙就会变成一团又黑又冷的天文物质向无限扩散。

"不过，有一些天文学家不是这么想的。他们提出所谓的稳态宇宙论，这一理论认为宇宙是保持一成不变的：从过去到现在，宇宙的无限状态一直是不变的，而且这种不变的状态将会持续到未来。当然，这就与大英帝国想要维护自己在世界上的现状所遵循的古老原则相吻合，但我并不倾向于相信这个稳态理论是对的。顺便说一句，这一新理论的创始人之一，剑桥大学理论天文学的教授，他写了一部歌剧，下周就在考文特花园首次演出。你为何不给茉德和你自己订两张票到时候去听一听呢？可能会相当有趣呢。"

从海滩度假回来几天后，听说这几天海滩好像阴雨绵绵还很冷，不过此时汤普金斯先生和茉德正舒舒服服地坐在歌剧院里红丝绒的椅子上，等待着帷幕的升起。序曲以最急板的速度演奏了起来，交响乐团的总指挥不得不在演奏途中换了两次他礼服的衣领。终于，帷幕拉了上去，但是舞台上的打光太耀眼了，台下的每个观众都不得不用手掌遮住自己的双眼。从舞台上照射出来的紧密的光束很快便照亮了整个剧院大堂的角角落落，第一层和第二层看台变成了一片灿烂的光的海洋。

汤普金斯先生看见一个穿着黑色教士服，戴着神职人员衣领的男人

慢慢地，耀眼的光芒退去了，汤普金斯先生发现自己很明显是飘浮在一个黑暗的空间里，有一大批快速旋转的燃烧着的火炬照着这个

空间，这些火炬就像是夜间嘉年华常用的火轮一样。交响乐团现在也看不见在哪儿，但是响起了演奏声，听起来就像是管风琴音乐。汤普金斯先生看见身边有一个男人，他穿着黑色教士服，戴着神职人员的衣领。按照节目单上的安排，他就是比利时的勒梅特，第一个提出膨胀宇宙理论假设的人，这个假设被后人常称为“大爆炸”理论。

汤普金斯先生到现在还记得他的咏叹调的第一节。

在勒梅特神父结束了他的咏叹调之后，出现了一个高高的家伙（又是根据节目单），他是俄国物理学家乔治·伽莫夫，他近三十年都是在美国生活的。他唱的是：

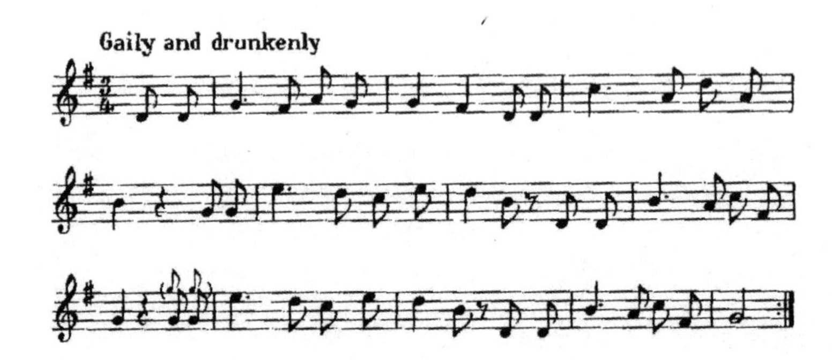


我的好勒梅特，我们在许多方面都有相同见解。

宇宙一直在膨胀，从它诞生的那一刻开始。

宇宙一直在膨胀，从它诞生的那一刻开始。

你说宇宙在运动中膨胀，我很遗憾当时没有同意。

我们的看法也有分歧，关于它是如何形成。

我们的看法也有分歧，关于它是如何形成。

它是种子流体，绝不是你说的原始原子。

从始至终它都是无限的，它是无限老的。

从始至终它都是无限的，它是无限老的。

在无限的空间，几十亿年过去，

气体到达了最密集的状态，于是在坍塌中迎来了自己的结局。

几十亿年过去，在坍塌中迎来了自己的结局。

空间于是变得华丽，在时间的至关重要的点上。

光超越了物质，在计量中超越了物质。

光超越了物质，在计量中超越了物质。

每一吨的光辐射，都有一盎司的物质产生，

直到巨大的原始熔炉里，膨胀带来了冲击。

直到巨大的原始熔炉里，膨胀带来了冲击。

此后光慢慢地暗淡，亿年时间又过去，

物质有了充足来源，于是把光给超越。

物质有了充足来源，于是把光给超越。

物质开始冷却凝结，正如琼斯的假设推理。

巨大的气云开始分离，形成各个原星系。

巨大的气云开始分离，形成各个原星系。

原星系又开始分离，在黑夜中四散开去。

恒星由此形成散布，太空中有了光芒。

恒星由此形成散布，太空中有了光芒。

星系永远旋转不停，恒星燃烧至最后火花。

直到我们的宇宙日渐稀薄，最终阴冷黑暗又了无生机。

直到我们的宇宙日渐稀薄，最终阴冷黑暗又了无生机。

接下来第三首，汤普金斯先生记得是该歌剧的作者自己，他突然出现在闪闪发光的星系之间，从口袋中掏出一个新诞生的星系然后唱道：

宇宙啊，按照上帝的旨意，

不是在过去某时形成，

过去将来都将永存。

邦迪、戈尔德和我都宣称，

不变，啊宇宙，啊宇宙，永葆不变！

我们宣扬稳态宇宙！

衰老的星系分离，

燃尽，然后退出舞台。

但同时，宇宙

现在、过去、将来都将永存

不变，啊宇宙，啊宇宙，永葆不变！

我们宣扬稳态宇宙！

新的星系依旧凝聚，

从虚无中，正如以前它们形成一样。

（勒梅特、伽莫夫，无意冒犯噢！）

现在、过去、将来都将永存

不变，啊宇宙，啊宇宙，永葆不变！

我们宣扬稳态宇宙！

但是尽管有着这些振奋人心的歌词，周围空间里所有的星系还是都逐渐暗淡，最后天鹅绒帷幕逐渐降下，硕大的歌剧厅里枝状烛台亮了起来。

“噢，西里尔，”他听见茉德说话，“我知道你不管在什么地方、不管在什么时间都很容易打瞌睡，但是你在考文特花园绝对不应该！整场演出你都在睡觉！”

当汤普金斯先生送茉德回她家的时候，老教授正坐在舒适的椅子上，看着新送来的一期《皇家天文学会月刊》。“演出感觉怎么样啊？”他问道。

“太棒了！”汤普金斯先生说，“关于永恒宇宙的那一首让我印象尤其深刻，听上去很可靠的样子。”

教授说：“注意点这个理论，难道你不知道有一句话说‘闪光的不都是金子’吗？我正在读剑桥大学另外一名教授马丁·莱尔的文章，他建了一个巨型无线电望远镜，它观察到的距离是帕罗马山200英寸的反射望远镜可以观察的距离的好几倍。据他观察，那些非常遥远的星系之间的距离比我们近处的星系之间的距离要近很多。”

“你的意思是，”汤普金斯先生问，“我们所处的宇宙的这部分空间里的星系，数量分布是很稀疏的，而且随着越来越深入宇宙，星系的密集度会增加？”

“不是这个意思，”教授回答道，“你必须记住这一点，由于光速是有限的，当你望向宇宙深处的时候，你也在望回过去的时间。举个例子，既然我们知道太阳光到达地球需要8分钟的时间，所以陆地上的天文学家们观察到的太阳表面的火光其实是有 8 分钟的延迟的。太空中离我们最近的邻居，位于仙女座的一个旋涡星系——你一定在天文学的书上看到过它，距离我们仅有一百万光年之远。拍摄到它的照片其实是它一百万年前的样子。如果宇宙真的是稳恒态的，那么天体的照片就不应该随着时间的变化而有所改变，而且现在从地球上看到的遥远的星系在空间中分散的距离，与仙女座和我们的距离相比，既不应该更密集，也不应该更稀疏。因此，莱尔观察到的现象显示了遥远星系在空间上更加靠近，这与之前认为所有星系在遥远的千百万年前是紧凑分布的观点是一致的。这样就与稳恒态理论相矛盾了，从而支撑了原始观点，认为星系在分离，他们的分布密度也在下降。当然我们一定要小心谨慎，等待莱尔结果的后续进一步证实。”

“顺便说一下，”教授从口袋中掏出一张折起来的纸，继续说，“这里是一首诗，我的一位颇有诗歌造诣的同事最近作的，是关于这个主题的。”

他读了起来：

“你那辛勤劳作的岁月，”

莱尔对霍伊尔说，

“是在浪费年华，相信我。

稳恒态理论

已经过时了。

除非我的双眼欺骗了我。

我那望远镜

已经击碎了你的希望；

你的信条遭到了批驳。

让我简短地来告诉你：

我们的宇宙

日渐变得稀疏！”

霍伊尔说：“你只不过是在引用

勒梅特和伽莫夫说过的。

我建议你把他们忘干净！

那捉摸不定的原始星团

还有它们的大爆炸——

为什么会帮助他们支持它们呢？

你看，我的朋友，

宇宙没有结局，

因为它没有开始，

和邦迪、戈尔德一样，

我坚持我们的观点，

哪怕为证明它操碎了心！”

“根本不是这样的！”莱尔大吼道，

怒火不断升级，

神经不断绷紧；

“遥远的星系

正如我们所看到的，

紧密地靠在一起！”

“你这么说真让我生气！”

霍伊尔爆发了，

他的说法再次重提：

“新的物质会诞生，

在每一个夜晚和早晨。

宇宙的景象是一成不变的！”

“得了吧，霍伊尔！

我志在将你挫败。

（这是滑稽的开始？）”

“过不了多久，”

莱尔继续喊道，

“我要把你拉回理智！”[1]

“写得好，”汤普金斯先生说，“要是知道这段争论最后得出什么样的结果一定会很兴奋。”接着他在茉德的脸颊上亲了一下，跟两人道了晚安。

---

① 在这本书初版发行前夜，霍伊尔发表了一篇文章，标题是《宇宙学的最新发展》（Nature,1965.10.9，p.in）。霍伊尔写道：“莱尔和他的同事们统计了射电源……射电源的数量表明了过去宇宙比现在更紧凑。”然而作者决定不去改变“宇宙歌剧”这一章出现的所有曲目，歌剧一旦下笔就成为经典。事实上，即使是被奥赛罗闷死之后，苔丝德蒙娜到现在在死前还唱着美丽的咏叹调呢！

# 第7章
# 量子台球

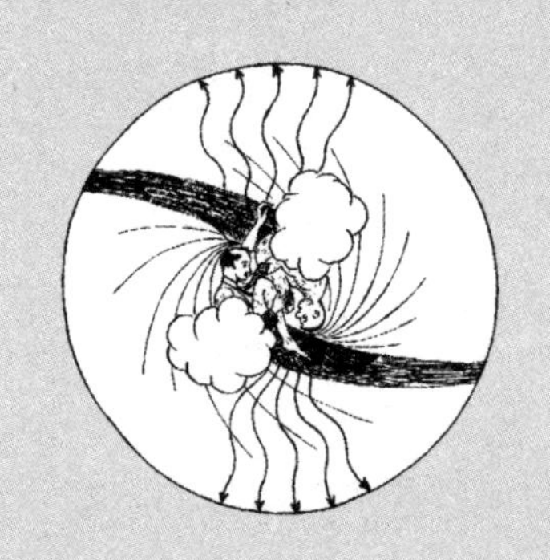

物理世界奇遇记

▼
▽

一天，汤普金斯先生结束了银行漫长的工作，他忙了一整天房产方面的业务，在回家的路上感到非常疲惫。这时正好路过一家酒馆，决定进去喝一杯麦芽啤酒。汤普金斯先生一杯接着一杯下肚，很快酒劲就上来了，感到头晕晕的。在酒馆的后面有一个台球室，里面挤满了人，套着套袖，围着中间的那张桌子在玩台球。他模模糊糊想起来之前自己来过这里，是一个同事带他过来的，还教了他怎么打台球。他走近那张桌子开始看人家怎么玩。这时一件非常怪异的事发生了！有个玩家将一个球放在了桌子上，然后用球杆撞了它一下。看着那个滚动着的台球，汤普金斯先生吃惊地注意到那个球开始“散开”。“散开”这个词是他唯一能找到的来描述这个球的怪异行为的一个词，那个球在滚过绿色的台毯时，似乎变得越来越看不清，原本清晰的轮廓逐渐模糊。它看起来不像是一个球滚过桌子，而是有大量的球，它们彼此都有一部分是相互重叠的。汤普金斯先生之前经常看到类似的现象，但是今天他没有喝威士忌呀，他无法理解眼前发生了什么。“好吧，”他想道，“让我们瞧瞧这个烂烂的球是怎么撞另一个球的吧。”

击球的这个玩家很明显是个高手，那个滚动的球就像人们想要的一样，正中另一个球。撞击的那一刻发出了一声巨响，原来静止的那个球和撞来的那个球（汤普金斯先生没办法明确分辨哪个是哪个），两者都向“四面八方”快速滚去。是的，这太奇怪了。现在再也不是两个看起来松松垮垮的台球，而变成了无数个球，全部都变得非常模糊、非常松垮，在原来撞击方向的大约 180° 的范围内向外滚去，就像是从撞击点向外散开的一个独特的波。

“S 波散射。”汤普金斯先生身后响起一个熟悉的声音，他听出来是教授。“那现在，”汤普金斯先生大声问道，“有什么东西又弯曲了吗？我看这桌子非常平。”

白球向四面八方散开

“你说得对，”教授回答，“这里的空间是平整的，你所观察到的其实是一种量子力学现象。”

“噢，是矩阵！”汤普金斯先生带着嘲讽的语气小心翼翼地说道。

“或者说是，运动的不确定性。”教授这么说。

“这间台球室的主人收集到这里的东西都遭受着，如果要我自己命名的话，‘量子巨化现象’。实际上自然界中所有物体都遵循着量子规律，但是在这些现象中起主导作用的所谓的量子常数是非常小的。事实上，它的数值是在小数点之后还有27个零的数字。然而，对于这里的台球，量子常数就很大了——大约为整1——你轻易地就可以用肉眼观察到量子现象，而在一般情况下科学家们只能通过非常灵敏的、复杂的方法来进行观察。”说到这里，教授沉思了一会儿。接着他继续说道，“我并不想要去追究，但是我想知道那个老板是从哪里搞到这些球的。严格来讲，这些球不存在于我们的世界中。对现在我们这个世界的所有物体来讲，量子常数是同样的一个很小的数值。”

“也许他是从另一个世界把它们进口过来的，”汤普金斯先生假设道。不过教授并不满意这个回答，始终保持着怀疑态度。“你已经注意到了，”教授继续说，“那两个球都‘散开’了。这意味着它们在球桌上的位置是相当不确定的。实际上你不能很精确地标明每个球的位置，最多你只能说球‘几乎在那里’，以及‘部分在其他地方’。”

“这太非同寻常了。”汤普金斯先生喃喃。

“恰恰相反，”教授坚持说，“它绝对正常，从任何物体上都会发生这种现象的这个意义上来说。只不过是因为量子常数的数值太小以及一般的观测方法太粗糙，所以人们没有注意到这种不确定性。于是他们得到一个错误的结论，认为位置和速度都是可确定的量。事实上，这两个量从某种程度上来说都是不可确定的，而且其中一个测量越是准确，另一个就越散开，测不准。量子常数主导着这两个不确定性之间的关系。——看这里，我要把这个球放到一个木头三角框里，它的位置就被限制住了。”

这个球一放进木框里，整个三角框内部就闪烁着象牙色的光芒。

“快看！”教授喊道，“我把台球的位置限定在三角框几英寸的范围里了。这导致了速度相当大的不确定性，球在木框里面才会快速运动。”

“你不能让它停下吗？”汤普金斯先生问。

“不能，从物理学来讲是不可能的。任何物体在一个密闭空间里都会有一定的运动——我们物理学家称为零点运动。举个例子，任何原子内部的电子的运动，都是零点运动。”

当汤普金斯先生注视着木框中的球像困在笼子里的老虎一样猛冲直撞时，发生了一件极不寻常的事。那个球直接从三角框的框壁中“露”了出来，接着就朝桌子遥远的一角滚去。奇怪之处就在于它真的不是跳出了框，而是穿过框壁，没有离开过台面哪怕一毫米。

“看吧，”汤普金斯先生对教授说，“你的‘零点运动’逃走了。这符合你说的规律吗？”

“当然符合，”教授说，“事实上，这正是量子理论最有意思的后果之一。只要一个物体有足够大的能量穿过墙壁后逃出，就不可能把它关在一个封闭的空间里。这个物体迟早要‘露出’围墙跑掉。”“那我以后再也不会去动物园了。”汤普金斯先生断然地说。他那生动活泼的想象力立刻就描绘出一幅吓人的画面：狮子和老虎纷纷穿透它们的笼子出来吃人了。不过他又转念一想：想到了原本好好锁在车库里的汽车会不会自己“露出来”，就像中世纪的鬼魂一样穿车库的墙而出。

“我要等多久呢，”他问教授，“才能看到一辆汽车——不是用这里的材料制造的，而是用普通的货真价实的钢材造的——它从砖头建的车库围墙‘露出来’？我非常想看到这一场景呢！”

就像中世纪的鬼魂

教授在大脑中飞快地计算了一下，准备好了答案："大约需要等1 000 000 000…000 000 年。"

就算汤普金斯先生已经习惯了银行账户上出现的巨额数字，他还是数不清教授所说的数字有多少个零——至少数字是够长了，他完全不用担心自己的车会跑掉。

"假设我相信你所说的一切，我还是不明白，如果我们没有这些球在这里，那怎么能够观察到这些现象呢？"

"这是一个合理的质疑，"教授说，"当然我的意思并不是说在你日常能够接触到的一些大物件上可以观察到量子现象。我的点在于量子规律的效应只有在应用到非常小的物质如原子或电子上时，才更可能被注意到。对于这些粒子来说，量子效应已经大到普通力学不适用的程度了。两个原子之间的碰撞看起来正如你刚刚所观察到的两个台球的碰撞，一个原子内部电子的运动就与我放在三角框中的台球的'零点运动'极为相似。

"那么原子是不是经常会跑出来？"汤普金斯先生问道。

"是的，它们经常跑出来。你当然已经听说过放射体这种物质，其内部原子自动分解，发射出速度非常快的粒子。这样的原子，它的中心部分称作原子核——就相当于一个车库，原子核里的粒子就相当于被锁在车库里的车。它们会穿过原子核壁——有时分裂之后一秒都不会继续待在原子核内部。在这些原子核内部，量子现象变得相当寻常可见。"

经过这一漫长的谈话，汤普金斯先生感到非常疲倦，心不在焉地环顾着四周。他的注意力被房间角落里放着的一个老爷钟吸引了。它长长的老式钟摆慢慢地摇来摇去。

“我看你对这个摆钟很感兴趣，”教授说，“这也是一个不寻常的机械——不过在现在看来它已经过时了。这个摆钟就代表着人们最初考虑量子现象时所采用的方法。它的钟摆的放置方法就使得它的摆幅只能在有限的范围内增加。然而现在，所有的钟表匠都选择采用获得专利的散开摆。”

“天哪，我多希望能理解这一切复杂的东西！”汤普金斯先生惊叹。

“很好，”教授接过话来，“我本来在去往我关于量子理论的讲座的路上，从窗外看见你在，我就进来了。现在是时候去讲座了，可不能迟到。你愿意跟我一起去吗？”

“当然，我愿意！”汤普金斯先生答应。

一如往常，巨大的演讲厅里坐满了学生，即使是坐在台阶上，汤普金斯先生都感到很愉快。

女士们，先生们：

在我前两次的讲座中，我努力向大家展示了，由于发现了所有物理速度的上限，以及分析了直线的概念，我们完全重建了关于时间和空间的古典概念。

然而，对物理学基础进行批判性分析的发展，并不会停滞在这个阶段，接着又出现了更多惊人的发现和结论。我接下来要讲的是被称为量子理论的一个物理学科分支，它与时间和空间自身的性质没有多大关系，但是与物质在时空中的运动和相互作用却有较大的关系。

在古典物理学中，人们似乎不需要证明就能接受一个观点，两个物体之间的相互作用可以降到无限小，只要实验条件允许，有必要的话还可以降到零。比如说，在研究某些过程中所产生的热时，人们担心放进温度计会把一部分热量带走，从而导致所要观察的正常的过程出现干扰，那么实验者们总是确信采用比较小的温度计或者是非常迷你的温差电偶，就能把干扰项降低到所要求的精确度极限以下。

人们很确信，从原理上讲，任何一个物理过程都可以用任意所需要的精确度来观察，观察本身不会对过程造成影响。没有人想过把这一种说法提出来详细地阐述，并且总是把相关的所有问题都归结为纯粹的技术困难。然而，自 20 世纪初开始所积累的新的实验事实，不断地使物理学家们得出结论，认为真实的情况要复杂得多。在自然中存在一个确定的相互作用下限，这个下限永远不能被超越。这个天然的精确度极限微乎其微可以忽略不计，我们日常生活中熟悉的所有过程都可以不考虑这个精确度，但是当我们在研究原子或分子这样的微小的力学系统中所发生的过程时，这个极限就变得相当重要了。

1900 年，德国物理学家马克思·普朗克在从理论上研究物质与辐射之间的平衡条件时，得出了一个令人惊讶的结论，认为达到平衡是不可能的，除非我们假设物质与辐射之间的相互作用，并不如我们设想的那般是连续发生的，而是通过一系列的分开的“冲击”来实现的，那么在每一次的基本的相互作用中，物质与辐射之间转移的能量是一定的。为了达到想要的平衡，也为了使理论得到实验事实的证明，就有必要在每次冲击所转移的能量和能量转移的过程的频率（周期的倒数）之间引入一个简单的数学比例关系。

因此，普朗克不得不用符号 $h$ 来指代比例系数，能量转移的最小能量，或者说是量子，可以用以下公式表示：

$$E=h\nu \qquad (1)$$

公式中 $\nu$ 代表辐射的频率，常数 $h$ 的数量值是 $6.626\times10^{-34}$ 焦耳·秒，这通常被称为普朗克常数或者量子常数。正因为常数的数值极小，所以我们日常生活中的量子现象几乎不能被观察到。

普朗克这一想法的发展归功于爱因斯坦，在这个想法提出后的几年，爱因斯坦得出一个结论，辐射不仅仅在发射时才形成一个个有限的、分离的部分，它一直以这样的方式存在，辐射是由许多分离的能量包组成的，他把能量包称为光量子。

只要光量子在运动，那么除了会有能量 $h\nu$ 外，它们也会有一定的动量，根据相对论力学，这个动量就相当于它们的能量除以光速 $c$。要记住，光的频率与它的波长 $\lambda$ 之间存在一个关系 $\nu=\frac{c}{\lambda}$，光量子的动量公式就是：

$$P=\frac{h\nu}{c}=\frac{h}{\lambda}, \qquad (2)$$

由于一个运动的物体所产生的力学作用取决于它的动量，我们必须得出结论：光量子的作用随着波长的减小而增大。

对于光量子与光量子具有的能量和动量这个观点的正确性，有一个最佳的实验事实可以证明。这个实验是由美国物理学家康普顿提出的。他在研究光量子和电子的碰撞时，得到了这样的结果，在光线的作用下电子开始运动，它的表现就与被一个具有上面两个公式中的能量和动量的粒子击中时相同。光量子本身，在与电子碰撞之后也表现出了一些变化（体现在频率上），这与之前理论假设非常相符。

目前，我们可以说，就其与物质的相互作用而言，辐射的量子性质已经是完全确定的实验事实了。

对量子概念进一步发展的是著名的丹麦物理学家玻尔，他于1913年首次提出一个观点：任何一个力学系统内部的运动都可能具有仅一套可能的能量值，运动只能通过有限的幅度来改变其状态。在每一次这样的迁移中，都会辐射出一定量的能量。确定力学系统各种可能状态的数学法则要比现在这个辐射的公式复杂得多。我们在这里就不深入探讨公式了。我们只应该表明，就像在光量子中，光动量是由光的波长决定的，那么在力学系统中，任何一个运动的粒子的动能都与它所运动的空间区域的集合维度有关，以下公式可以表示出它的数量级：

$$P_{\text{粒子}} \cong \frac{h}{l}, \qquad (3)$$

这里的 $l$ 指的是运动区域的线性尺寸。由于量子常数数值是极小的，所以只有对在类似于原子和分子内部这样小的空间里的运动，量子现象才尤其重要。它们在我们物质内部结构的知识中扮演着非常重要的角色。

这类微小的力学系统具有一套分离态的一个最直接的证明，是弗兰克和赫兹做的实验。他们在用不同能量的电子轰击原子时发现，只有当轰击的电子的能量达到某一分离值时，原子的状态才会发生变化。如果电子的能量低于某一极限，在原子中就不会观察到任何现象，因为每一个电子所携带的电量不足以把电子从第一个量子态提升为第二个量子态。

因此，在量子理论发展的这个最初准备阶段结束时，所出现的状况不能说是对古典物理学的基本概念和原理进行修改，而只是用相当神秘的量子条件对古典物理学或多或少设置了一些人为限制。从古典物理学中可能出现的连续的、多样的运动中挑选出来一套分离的“允许”状态。不过，如果我们更深入地去研究古典力学定律和我们现今扩展了的经验所要求的量子条件之间的关系，我们就会发现，把这两个结合起来得到的系统在逻辑上就没有一贯性，而且经验的量子限制会使古典力学所基于的关于运动的基本概念变得毫无意义。事实上，在古典理论中关于运动的基本概念是，任何一个运动的粒子在任何一个既定的瞬时在空间中占有确定的位置，而且拥有一个确定的速度，这个速度指的就是随着时间的变化粒子在运动轨迹上位置变化的情况。

位置、速度和轨迹，古典力学整个的精致的建筑就是基于这些基本概念而建成的。正如我们所有其他概念一样，这些概念是在我们对周边现象的观察中形成的。就像古典的时空概念，一旦我们的经验延伸到新的、先前未曾探索过的区域时，它也会面临影响深远的修改。

如果我问某个人，他为什么会相信任何一个运动的粒子在任意一个既定的瞬时都占有确定的位置，从而可以根据时间的变化而描绘出一条确定的轨迹，他最有可能回答："因为当我观察运动的时候，我是这么看的。"让我们来分析一下这种形成古典轨迹概念的方法，看一看他是不是真的能得到确定的结果。为了达到这一目的，我们设想一下一个物理学家，他配备有各种各样最精密的仪器，尝试着去追踪一个从他的实验室墙上扔下的小物体的运动。他决定通过"看"物体如何运动来进行观察。为了更好地看到物体，他用了一个小而非常精准的经纬仪。当然，要想看到移动的物体，就需要把它照亮。他知道光线会对物体产生一种压力，而且可能打扰它的运动，于是决定只在观察的瞬时才用短时间的闪光来照明。在第一组实验中，他只想观察轨迹上的 10 个点，所以他把闪光源选得很微弱，这样 10 次连续照明中光压所产生的总效应在他所需要的精确度之内。因此，在物体掉落的过程中闪光灯闪 10 次，以他所希望的精确度，他在轨迹上获得了 10 个点。

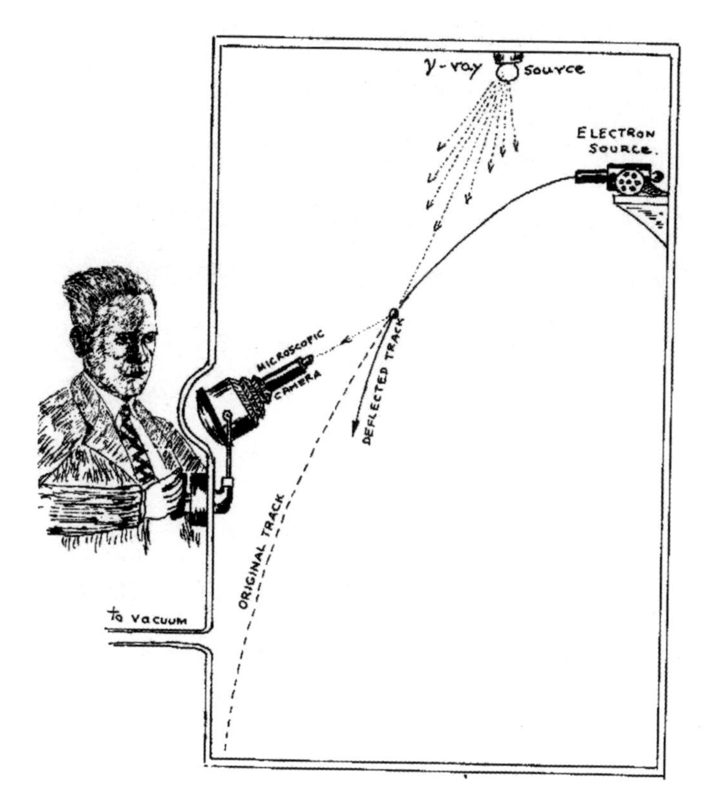


海森堡的γ光显微镜

现在他想重复这个实验，想获得100个点。他知道100次连续照明会太过影响整体的运动了，因此在准备进行第二组观察时，他把闪光强度降低到了第一次的$\frac{1}{10}$。到第三组观察时，他想要获得1000个点，于是他把闪光灯强度降到了第一次的$\frac{1}{100}$。

按照这个方法将实验观察进行下去，持续地降低闪光灯的强度，他想在轨迹上获得多少点就能获得多少点，而误差不会增大到超过他起初选定的限度。这一高度理想化设计在原则上来说是可行的操作流程，是通过“看运动的物体”来建立运动轨迹的一个严格的有逻辑的方法。你看，在古典物理学框架中，这完全是可行的。

但现在让我们来看一看，如果我们引进了量子限制，并且考虑任何一种辐射的作用都只能通过光量子的形式进行转移这一事实，那么会发生什么情况呢？我们已经看到我们的观察者在持续地减少照明运动物体的光的数量，现在我们必定会预料到，一旦他把光的数量减少到只有一个量子，他就会发现观察做不下去了，数量没有办法再继续减少了。这时，要么是整个光量子都从运动的物体上反射出来，要么就是什么都没有反射，而且在第二种情况下，根本观察不了。当然，我们知道光量子碰撞所产生的效应会随着波长的增加而降低，我们的观察者也知道这一点。为了增加观察次数，他一定会采用较长波长的光，观察次数越多，波长就越长。但这样他还是会遇到另一个困难。

众所周知的是，在采用某一波长的光时，我们不能看到比这个波长更小的细节。事实就是没有人能用刷墙漆的刷子来画波斯细密画！因此，随着用的光波长越来越长，他就不能推测出每一个点的位置，然后很快就发现他所做的每一个推测都是不确定的，推测的点甚至会比他的实验室还要大。最终他被迫妥协，不得不在观察点的数量和每一个点的不确定性之间采取一个适中的方法，他永远都得不到像他古典学同事们所得到的数学曲线一样精确的轨迹了。他得到的最好的结果可能就是一条相当宽的模糊的带子，如果他基于自己的实验结果而建立自己的轨迹概念，那么这个概念将与古典概念大相径庭。

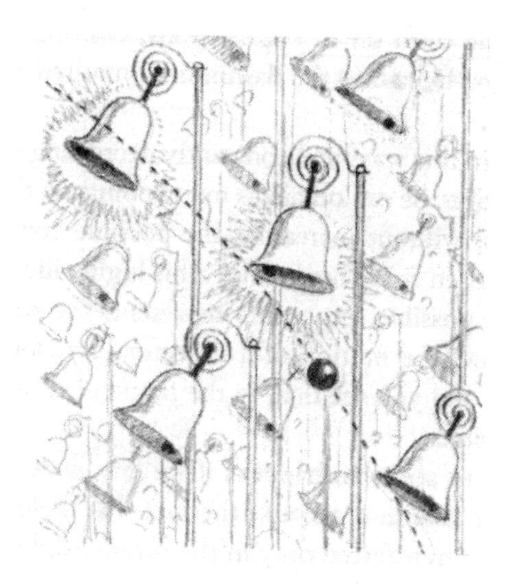

弹簧上的小铃铛

上面所讨论的方法是光学的方法，现在我们可以尝试另外一个可能性，采取一个机械的方法。为了达到实验目的，我们的实验者可以设计一些精巧的机械装置，比如说安装一些弹簧，弹簧上扣上小铃铛，每当有物体靠近它们的时候，它们就会把这个物体所经过的路线记录下来。他可以把大量这样的装置分布到运动物体预料中可能经过的空间，然后物体经过以后，“响着的铃铛”就显示了它的运动轨迹。在古典物理学中，人们想要这些“铃铛”多小、多灵敏都可以，在无限数量、无限小的铃铛的极限情况下，可以用一个想要的精确度来形成一个轨迹概念。然而，机械系统中的量子限制又一次破坏了这个情况。如果“铃铛”太小了，根据上面那个公式（3），它们从运动物体中取走的动量就会太大，即使只有一个铃铛被击中，整个运动都会受到干扰。

如果铃铛大，那么每个位置的不确定性也就非常大了。最后得出的轨迹依旧还是一个散开的带子！

我担心以上关于实验者观察轨迹的探讨，会给大家造成一种太看重技术的印象。你可能更倾向于认为，尽管我们的观察者无法用现在采用的方法来推测轨迹，但如果用上某些更为复杂的装置，就能得到想要的结果。不过，我一定要提醒你，我们在这里讨论的不是在某个物理实验室里进行的某个特定的实验，而是把最普通的物理测量问题理想化了。只要是存在于我们这个世界上的任何一种作用，要么可以归于辐射作用，要么就归于纯机械作用。任何一种精致的测量方法都必定离不开这两种方法的要素，最后都导向了相同的结果。至于我们理想的"测量仪器"可以涵盖物理世界所有的现象，我们最后应该得出结论，认为在量子定律起主导作用的世界里，像准确的位置和形状精确的轨迹这样的东西，是不存在的。

让我们再回到我们的实验者身上，他想求出量子条件所强加的限制的数学公式。我们已经知道了，用过的两种办法中，位置的测定与运动速度物体的干扰之间存在着冲突。在光学的方法中，因为力学的动量守恒定律，粒子受到光量子的撞击后，必定会带来粒子动量的不确定性，与所用的光量子的动量相当。因此，根据上面的公式，我们可以写出粒子动量不确定性的公式：

$$\Delta P_{\text{粒子}} \cong \frac{h}{\lambda} \qquad (4)$$

想起粒子位置不确定性是取决于波长（$\Delta q \cong \lambda$）的，我们推导出：

$$\Delta P_{粒子} \times \Delta q_{粒子} \cong h \qquad (5)$$

在力学方法中，运动粒子的动量被“铃铛”取走了一部分，所以造成了不确定性，运用之前的公式（3），再想一想在这个案例中粒子位置的不确定性是由铃铛的大小决定的（$\Delta q \cong l$），于是我们又得到了与前面一个相同的公式。由此可见，由德国物理学家海森堡最先求出的这个公式，代表了基础的不确定性，是量子理论最基本的不确定关系式（5）。这个关系式表明，位置测得越准确，动量就变得越不准确，反之亦然。

再回想到动量是运动粒子的质量和速度的乘积，我们可以得出：

$$\Delta v_{粒子} \times \Delta q_{粒子} \cong \frac{h}{\lambda}_{粒子}$$

对于我们常见的物体来说，这个动量小得滑稽。即使对于质量只有 0.000 000 1 克的较轻的尘埃粒子，它的位置及速度都是可以测量的，而且精确度为 0.000 000 01%！不过，对于电子（质量为 $10^{-29}$ 克）来说，$\Delta v \Delta q$ 的乘积大约达到 100 的数量级。在原子内部，电子的速度应该确定在 $\pm 10^{10}$ 厘米 / 秒 的范围内，否则它将会逃出原子。这样，位置的不准确性就等于 $10^{-8}$ 厘米，即与整个原子一样大了。因此，电子在原子中的“轨道”就散开了，在这种情况下，轨迹的“厚度”等于它的“半径”。此时电子将会同时出现在原子核周围的每一处。

在过去的二十分钟里，我努力向大家展示我们批判古典运动概念所带来的灾难性后果。现在那些优美的、精确定义的古典概念已经支离破碎，给那些我称为一团糨糊的东西留出了空间。你自然而然地可能会问我，物理学家究竟打算如何从无数的不确定性的观点中去描述一个物理现象呢？

现在我们可以讨论一下这个问题。很明显，如果我们由于位置和轨迹都散开，一般不能从数学的点上来定义物质粒子的位置，也不能用数学的线来定义粒子的运动轨道，那么我们就应该用其他的描述方法，这么说吧，“烂糊糊在空间中不同的点的密度”。从数学上说，这意味着需要用到连续函数（流体力学中用的那种）；从物理上来讲，这要求我们采用诸如此类的表达方式“物体大部分在这里，一部分在那里，还有一部分在那里”或者“这枚硬币 75% 在我口袋里，25% 在你口袋里”。我知道这些表达吓到你了，但是由于量子常数的值非常小，你在日常生活中永远不会碰到它们。不过如果你要是打算去研究原子物理学，我强烈建议你先习惯这种表达。

在这里我必须警告你们的是，不要产生一种错误的想法，认为这种描述“出现密度”的函数在我们日常三维空间里具有物理现实意义。实际上，如果我们描述两个粒子的行为，我们就必须回答当第一个粒子出现在一个地方的时候，第二个粒子出现在什么地方的问题。要做到这个，我们就不得不采用有 6 个变量（2 个粒子各有 3 个坐标）的函数，而这样的函数不能在三维空间中适用。对于更复杂的系统，必须采用含有更多变量的函数。从这个意义上来讲，“量子力学函数”类似于古典力学中粒子系统的“势函数”或者类似于统计力学系统中的“熵”。它只描述运动，帮助我们在既定的条件下预测某一特定运动可能的结果。只有在我们描述粒子运动的时候，它才具有物理的现实意义。

描述一个粒子或粒子系统出现在不同地方的可能性有多少的函数，需要某种数学上的标记，根据奥地利物理学家薛定谔的看法，他首先写出了定义这种函数行为的方程，这个函数一般用符号“*ΨΨ*”来表示。

我不想在这里讨论他的基本方程的数学证明，但我希望大家注意一下导出这个方程的必要因素。其中最重要的一点也是最不寻常的：这个方程的形式必须使得描述这个物质粒子运动的函数显示出所有的波动特性。

有必要将波动特性归因于物质粒子运动，这一观点的首次提出者是法国物理学家德布罗意。他基于自己对原子结构的理论研究提出了这一观点。在接下来的许多年里，物质粒子运动的波动特性受到了很多实验者的证明，展现了一些现象，比如一束电子穿过小小的开口衍射出去，又比如在相对于较大又较复杂的粒子如分子中也会发生干涉现象。

从古典运动概念的角度，我们所观察到的物质粒子波动特性绝对是无法理解的，对此，德布罗意被迫提出了一个相当不自然的角度：粒子在某种波的“陪伴”下，可以说，“引导了”它的运动。

不过，一旦古典概念被推翻，我们要用连续函数来描述运动，关于波动性质的要求就变得更能够理解了。它不过是在说，我们“*ΨΨ*”函数的传播并不类似于热量透过墙壁这样的传播，而是类似于机械变形（声音）透过墙壁的这种传播。从数学的角度，这就要求我们所寻求的方程式是确定的且严格的。这个基本条件，以及额外要求（我们的方程式在用于量子效应可以不考虑的大质量粒子时，应该变成古典力学中的方程），实际上将寻找方程式这一难题变成了纯数学练习。

如果你对方程式的最后形态感兴趣，我写在这里给你看看：

$$\triangle^2\Psi+\frac{4\pi mi}{h}\dot{\Psi}-\frac{8\pi^2 m}{h}U\Psi=0$$

在这个方程式中，$U$ 代表作用于粒子（质量为 $m$）上的力势。该方程对于任何一种既定的力场分布中运动的问题，都给出了明确的解答。这一“薛定谔波动方程”的应用，在它被提出后的四十年间，帮助物理学家对原子世界中所发生的所有现象都能描绘出最完整、最逻辑连贯的图画。

你们当中有些人一定在想，直到现在我还没有说出那个在量子理论中经常被提及的术语——“矩阵”。我必须得承认，从个人角度，是相当讨厌这种矩阵的，更偏向于不考虑它们。但是为了不让你们完全不知道量子理论中这一数学工具，我稍微讲一下。正如你们所看到的，人们在描述粒子运动或者一个复杂的力学系统时，都是用某个确定的连续波函数。这些函数常常相当复杂，可以看作由许多比较简单的振动，所谓的“本征函数”组成的，就像是一个复杂的声响是由许多简单的谐波音符组成的。

我们可以通过给出它的不同分量的振幅，来描述出复杂的运动系统。既然分量（泛音）的数量是无限的，那么我们就必须写一个振幅无限表格，用以下形式表示：

$$
\begin{array}{|c|c|c|c|}
\hline
q_{11} & q_{12} & q_{13} & \cdots \\
\hline
q_{21} & q_{22} & q_{23} & \cdots \\
\hline
q_{31} & q_{32} & q_{33} & \cdots \\
\hline
\cdots & \cdots & \cdots & \cdots \\
\hline
\end{array}
\qquad (8)
$$

以上的表格，遵循着比较简单的数学运算法则，被称为“矩阵”，与某一特定的运动相对应。一些理论物理学家喜欢用矩阵来运算，而不用波函数本身。因此，“矩阵力学”，他们有时会这么称它，就是寻常的“波动力学”在数学上的改变，在这些讲座中，我的主要目的是讲清楚主要的基本的物理问题，我们不需要太过深入这些数学问题。

很遗憾，时间不允许我向大家描述量子理论在与相对论相结合之后取得的进展。这一发展主要归功于英国物理学家狄拉克的研究工作，他带来了许多有趣的研究点，同时也提出了以下极为重要的实验发现。以后我可能会回到这些问题上来讲讲，但是现在我必须结束讲座了。我希望这一系列讲座能够帮助你对物理世界现在的概念有一个清晰的了解，并希望能激起你们深入研究的兴趣。

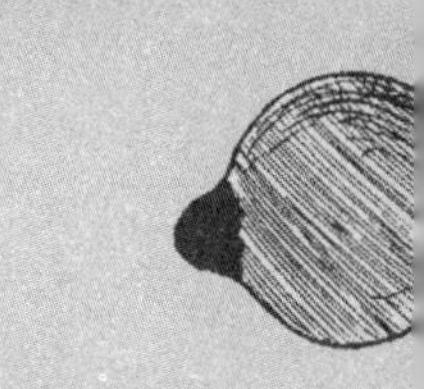
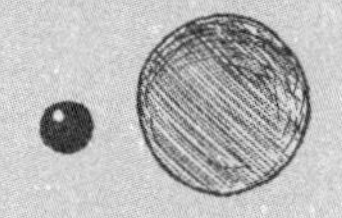

# 第8章

# 量子丛林

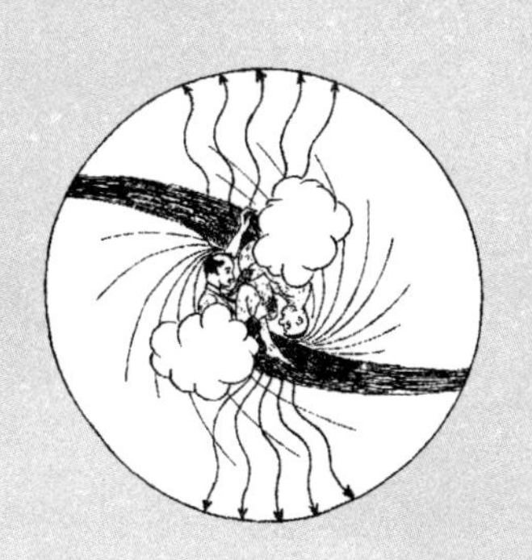

第二天早晨，汤普金斯先生小小地赖了会儿床。突然，他感觉有人出现在自己的房间里。环顾四周，发现他那老教授朋友正坐在扶手椅上，膝上摊开一张地图，正全神贯注地研究着。

“你跟我一起去吗？”教授抬起头，问道。

“去哪里？”汤普金斯先生很疑惑，而且对教授是怎么进他房间的百思不得其解。

“当然是跟我一起去看大象，还有量子丛林里的其他动物。我们上次去的那个台球室的老板最近把他的秘密告诉了我，说他那象牙白的台球就是从那里带回来的。你看看这个地区，我用红色铅笔在地图上标出来了。似乎在那里，一切事物所遵循的量子法则中的量子常数非常大。当地的土著认为这块地方生活着妖魔鬼怪，所以我担心很难找到一个向导了。不过如果你想跟我一起去，最好赶紧起床，动作快点。船还有一个小时就到了，我们还要顺路捎上理查德爵士。”

“谁是理查德爵士？”汤普金斯先生问。

“你从没有听说过他？”教授的惊讶之情溢于言表，“他是很有名的老虎猎人，决定和我们一起过去，我答应他那里一定有有趣的狩猎对象。”

他们准时来到了码头，看见码头上放着好多长箱子，里面都是理查德爵士的步枪，还有铅做的特制子弹。用来做子弹的铅是教授从量子丛林旁的铅矿里得来的。汤普金斯先生正在把他的行李放进船舱里，船身的稳态振动告诉他船启航了。航海之旅没有什么特别的，时间一晃就过去了，他们登岸了，来到了迷人的东方城市，这是离神秘的量子区域最近的人口密集的地方了。

“现在，”教授说道，“我们要进内陆，所以需要买一头大象。我想没有原住民会同意和我们一起去的，所以我们不得不自己骑大象去。而你呢，我亲爱的汤普金斯，你最好学一下怎么骑大象。我到时候忙于我的科学观察，理查德爵士手里端着枪，只有你可以骑大象了。”

当来到城市外围大象市场的时候，汤普金斯先生很不开心。他看着这些巨型动物，挑挑看其中有没有一头他可能可以驾驭得住的。理查德爵士很了解与大象相关的知识，所以挑了一头脾气温驯的黑象，然后询问大象主人价格多少。

当地人回答了一些让人听不懂的土话，露出了他白得发亮的牙齿。

“他想要很多钱呢，”理查德爵士翻译土著的话，“但他说这只象是来自量子丛林的，所以更贵了。我们要买吗？”

“一定要买的，”教授给他们二人解释，“我在船上听说过土著人有时会抓从量子土地那边出来的大象。它们比从其他地方出来的大象好多了，对我们而言，我们还有个优势，因为大象这种动物在丛林里认得自己的家。”

汤普金斯先生全方位仔仔细细打量了这头大象，它很漂亮、高大，但是并没有迹象表明它比他在动物园里看到的大象行为上有什么区别。

他转向教授说道："您说它是量子大象，但在我看来它跟普通大象没什么两样，也没有像那些用它的亲戚们的长牙做出来的台球一样，表现出滑稽的样子。它为什么没有四处散开呢？"

"你理解能力尤其迟钝，"教授说他，"因为它的质量很大。我之前告诉过你位置和速度的不确定性都取决于质量，质量越大，不确定性就越小。这就是为什么在日常生活中我们观察不到量子定律，甚至是灰尘粒子这么轻的物体也看不出来，但是电子比灰尘粒子轻太多了，所以对于电子来说，量子定律就相当重要了。现在呢，在量子丛林里，量子常数尽管非常大，但还没有大到足以对像大象这般重的动物产生惊人的作用效果。只有凑近观察量子大象的轮廓，才能注意到它位置的不确定性。你可能已经注意到它皮肤表面没有相当清晰，看上去似乎有些许的模糊。随着时间的推移，这种不确定性增加了，当地传说中讲到，量子丛林里非常年迈的大象有着长长的毛发，我想这就是传说的起源。但是我预计小一点的动物都会显现出非常明显的量子效应。"

汤普金斯先生心想："那我们这次探险没有骑马岂不是一件好事了？如果骑着马的话，我可能永远都不知道我的马是在我膝盖之间还是在隔壁村庄。"

他们在大象的背上系着大篮筐，等教授和端着步枪的理查德爵士爬进篮筐之后，汤普金斯先生坐在了大象的脖子上，开始担当起骑象人的职责。他一手紧紧抓住尖头棒，他们一行三人朝神秘丛林进发。

城里人告诉他们大概需要一个小时才能到达丛林，于是汤普金斯先生一边努力在大象的两耳之间找平衡，一边决定利用这个时间再向教授请教更多关于量子现象的知识。

“麻烦您告诉我，”他朝向教授，问道，“为什么质量小的物体表现得如此特别？你一直在说的这个量子常数的常识性的含义是什么？”

“噢，这并不难理解，”教授回答，“你在量子世界里观察到的所有物体的怪异表现都是因为你在看着它们。”

“它们那么害羞吗？”汤普金斯先生笑道。

“‘害羞’这个词并不合适，”教授不加掩饰地指正他，“问题在于，在对运动进行任何观察时，你不可避免地会干扰到这个运动。事实上，如果你了解物体的运动，你就会知道物体在运动时会对你的感官或者正在使用的观察装置产生作用。由于作用和反作用是平等的，所以我们必须得出结论，你的测量设备同时也作用于运动的物体，这么讲，也就是‘破坏’了它的运动，给它的位置和速度引入了不确定性。”

“那么，”汤普金斯先生说，“如果我在台球室里用我的手指碰了那个球，那么我肯定是干扰了它的运动。但我只是看着它，怎么就干扰了呢？”

“当然干扰了。你在黑暗中看不见球，但如果你把它放到光线下，它反射的光线既让它变得可见，又作用于它身上——我们称为光压——这也‘破坏了’它的运动。”

“但假设我用的是非常精细和灵敏的仪器，那我不能让我的仪器作用在运动的物体上面的力足够小以至于可以忽略不计吗？”

“那是我们在古典物理学中所想的，当时量子作用还没有被人们发现。20 世纪初，人们逐渐意识到对任何一个物体的作用力不可能低于某个确定的极限，即我们所说的量子常数，用符号 h 指代。在一般的世界中，量子作用很细微；以惯用单位来表示，它的数值在小数点后还有 27 个零，只有对于像电子这般轻的粒子而言，量子常数才很重要，因为电子质量很小，所以很小的作用力就能影响到它。我们现在正在去往的量子丛林，它里面的量子作用是非常大的。那是一个粗犷的世界，所有柔和的动作都是不存在的。如果那个世界里有一个人想要抚摸一只猫，那只猫要么是什么都没感觉到，要么就被第一个‘抚摸’的量子折断了脖子。”

“好吧，”汤普金斯先生若有所思，“但当没有人在看的时候，物体的表现会正常吗？我的意思是，以我们习惯认为的那种方式。”

“要是没有人在看，”教授说，“没有人知道它们表现得怎样，那么你的问题就不是物理问题了。”

“好吧，好吧，”汤普金斯先生惊呼，“这对于我来说就是个哲学问题！”

“随你便吧，你可以称之为哲学问题，”教授很明显感觉被冒犯了，“但事实上，现代物理的基本原则是，绝不要去谈你无法知道的东西。现代物理理论全部都基于这个原则，然而哲学家们通常会将其忽略掉。比如说，著名的德国哲学家康德曾花了很多时间去反思物体的性质，他所考虑的性质不是物体‘呈现出来给我们看’的性质，而是它们‘自身’的性质。对于现代物理学家来说，只有所谓的‘可观察量’（原则上，即具有可观察特质的）才有意义，现代物理学整体都建筑在这些可观察量的相互关系上。不能被观察到的东西只适用于闲暇时候瞎想想，你发明它们没有任何限制，也不可能去验证它们是否存在，或者也不能利用它们。我会说……”

就在这时，一声可怕的吼叫声充斥了整个丛林，大象被吓得激烈地横冲直撞，汤普金斯先生差点摔了下去。一大群老虎正在攻击大象，从四面八方同时往大象身上跳。理查德爵士紧紧抓住步枪，瞄准了离他最近的那只老虎的双眼之间扣动了扳机。下一刻汤普金斯先生就听到理查德发出猎人常有的低吼。理查德直直地射穿了老虎的脑袋，却没有伤害到老虎。

“多开枪！”教授大喊道，“你到处开枪，不要太在意目标是否清晰！这里只有一只老虎，但它分散开来包围了大象，我们唯一的希望就是提高汉密尔顿量。”

说着教授也拿起了一把步枪，激烈的枪声与量子老虎的吼声交织在一起。对于汤普金斯先生来说，似乎过了好久，战斗才结束。一发子弹‘击中了点’，让他惊讶的是，那个突然出现的老虎被狠狠地甩飞了，它的尸体在空中画了道弧线，落在了身后遥远的棕榈林中。

“谁是汉密尔顿？”一切都平息之后，汤普金斯先生问道。

“他是有名的猎人吗？你想把他从坟墓中拉出来助我们一臂之力？”

“噢！”教授反应过来，“不好意思，刚才战斗太激烈了，我开始用科学术语了，你不懂这些术语！汉密尔顿量是一种数学表达方式，用来描述两个物体之间的量子相互作用。这是以爱尔兰数学家汉密尔顿的名字命名的，他首先使用了这一数学表达法。我刚想说的是，射出了更多的量子子弹，我们就会增加子弹和老虎身体之间相互作用的可能性。在量子世界中，你知道的，人不能准确瞄准，也不能保证一击毙命。由于子弹自身的分散，也由于目标对象自身的分散，只存在击中的有限的可能，但又不存在确定性。刚才我们射击了至少30发子弹才真正击中了老虎，然后子弹在老虎身上的作用力极强，以至于它被掀飞了。在我们原本的世界里，相同的事情也会发生，但是规模就小了很多。正如我刚才已经提到的，在正常的世界里，人想要观察到量子现象就必须去研究如电子般小的粒子的表现。你以前一定听说过每个原子都是由一个中心的原子核和许多在原子核周围旋转的电子组成的。首先，人们习惯地认为，电子围绕着原子核旋转运动就和行星围绕着太阳旋转相类似，但是进行更深层次的分析就会发现，关于运动的一般的概念用于原子的微缩系统中太粗糙了。在原子内部扮演着重要角色的作用力和基础量子作用力一样，有着相同的数量级。这么一来，整幅画面就展开了。电子围绕着原子核旋转运动在很多方面就和老虎围绕着大象转相类似。”

一大群看上去模糊不清的老虎正在攻击他们的大象

“那有没有人像我们射击老虎一样射击电子？”汤普金斯先生问。

“当然有的，原子核它自身有时候就会发射出能量极强的光量子或者是基础的光作用单元。你也可以从原子的外部射击电子，只要用一束光照亮它。所发生的情况就像刚才的老虎一样，许多光量子穿过了电子所在的地方却没有影响到它，直到最后其中一个光量子作用到电子上了，把它射出了原子外。量子系统不会被稍微地影响，它要么完全不被影响，要么就受到很大的影响，发生了很大的改变。”

“就像在量子世界中可怜的小猫被抚摸可能会死掉一样。”汤普金斯先生总结道。

“看！羚羊！好多羚羊！”理查德爵士大喊道，举起了步枪。一大群羚羊正从竹林中冒出来。

“受过训练的羚羊，”汤普金斯先生这么想，“它们奔跑的形态一致，就像阅兵游行的士兵。我在想这是不是某种量子效应。”

羚羊群朝着大象快速奔来，理查德爵士准备射击了，这时教授拦住了他。

“不要浪费你的子弹，”他说，“在一只动物以衍射的行为模式运动的时候，击中它的概率微乎其微。”

“你说‘一只’动物是什么意思？”理查德爵士不解地惊呼，“这里至少有好几打！”

“噢，不是的！只有一只小羚羊，因为它受惊了，所以正在穿过竹林跑过来。现在，所有物体的‘分散’都有一个特性，这个特性与普通的光相类似，通过一个正常的开口，比如竹林里竹竿之间，就会出现衍射现象，你可能在学校听说过。因此，我们就要讲到物质的波动特征。”

理查德爵士准备射击了，这时教授拦住了他。

但是理查德爵士和汤普金斯先生都没有懂这个神秘的术语“衍射”是什么意思。就在这时谈话结束了。

穿过这片量子土地的漫长旅途中，我们的旅行者们遇到了相当多有趣的现象，比如量子蚊子，由于它们的质量很小，勉强刚好能成形，还有一些非常好玩的量子猴子。现在他们正朝着看上去非常像是一个土著村庄的地方走去。

教授说：“我不知道在这片区域还有人类聚集。听这噪声，我猜他们正在举办什么节日活动。你们听这持续不断的铃响。”

土著们很明显是在围绕着篝火跳着狂野的舞蹈，但是很难去区分每一个人的形态。大大小小拿着铃铛的棕色的手一直从人群中升向天空。当他们逐渐靠得更近，眼前的一切包括小木屋，还有周围的大树，都开始分散，而铃铛的响声变得逐渐刺耳，汤普金斯先生已经受不了了。他伸出手，抓起了个东西，然后扔得远远的。闹钟打翻了他床头柜上的一杯水，冷水洒到了他脸上，他醒了过来。他跳下了床，开始飞速地穿衣打扮。半个小时内他必须到银行，不然上班就迟到了。

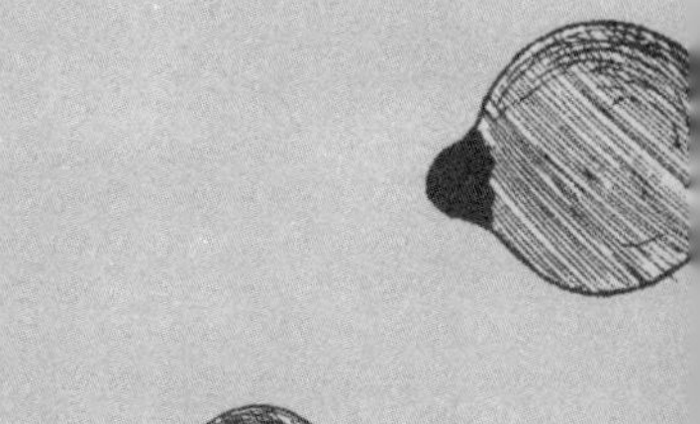

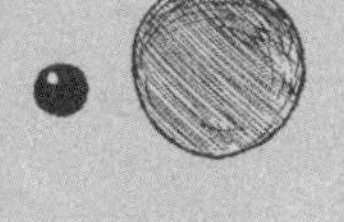

# 第9章

# 麦克斯韦的妖怪

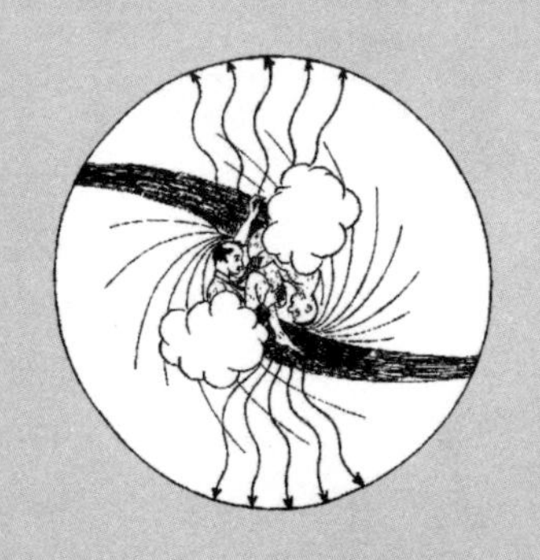

历经了好几个月非同寻常的冒险，其间教授努力将汤普金斯先生引入物理的秘密世界中来。汤普金斯先生对茉德越来越着迷了，最后，他终于十分羞涩地向茉德求了婚。茉德欣然同意了，于是他们便结为了夫妻。有了岳父这样的一个新身份，老教授认为自己有义务扩展自己女儿的丈夫在物理学领域的知识，也有义务让他了解物理学领域最新的进展。

一个星期日的早晨，汤普金斯夫妇坐在自家舒适的公寓里的扶手椅上，茉德沉浸于最新的一期《时尚》，而汤普金斯先生在读《时尚先生》中的一篇文章。

“噢！”汤普金斯先生突然叫道，“这里有一个十拿九稳的概率游戏系统！”

“你认为它真的有效吗，西里尔？”茉德不情不愿地把眼睛从时尚杂志的页面上抬起来，问道，“父亲总是说不存在稳操胜券的赌博游戏的。”

“但是你看这里，茉德，”汤普金斯先生回答道，把那篇他研究了半小时的文章递给茉德看，“我不了解其他的系统，但是这个系统是基于纯粹的简单的数学，我实在是不知道它怎么可能会出错。你所需要做的就是写下三个数字：

在一张纸上，然后按照这里写的一些简单的规则来。”

“好吧，让我来试试看，”茉德开始起了兴趣，“规则是什么呢？”

“但你这次一定要赢！”

“你就按照文章里的那个例子做吧。这大概是学习规则最好的办法了。按照文章里的说明，他们玩的是轮盘赌，你把你的钱放在红色格子或者黑色格子上，就像扔硬币猜正反面一样。我写下三个数字：

1，2，3

规则是我出的赌注应该永远等于这串数字头尾两个数字之和。所以我出（1+3）个，也就是4个筹码，把它放在，比如说，红色格子上。如果我赢了，就可以把1和3这两个数字去掉，那么接下来的赌注必定是剩下来的数字2。如果我输了，我就要把输掉的数目加到这串数字的后面，然后用同样的规则来确定我下一个赌注。好，假设球落在了黑色格子上，我输了，庄家就把我的4个筹码扒拉过去。然后我新的一串数字就是：

1，2，3，4

于是我的下一个赌注是1+4=5。假设我又输了，按照文章里说的，我还得用同样的方法继续玩下去，把5加到数字串的末尾，然后放6个筹码到桌子上。”

“但是你这次必须赢呀！”茉德变得相当激动，大喊道，“你可不能一直输！”

“不会的，”汤普金斯先生说，“我小的时候曾和朋友们猜硬币，信不信由你，有一次接连出现10次正面我都猜对了。不过按照文章里说的，假设我赢了，我就可以收12个筹码，但是与我原来的赌本相比，还少3个筹码。根据游戏规则，我必须把数字1和5去掉，现在数字串是:

~~1~~，2，3，4，~~5~~

我下一个赌注就是2+4=6，还是6个筹码。”

“文章里说这次你又输了，”茉德叹气，越过丈夫的肩膀看着那篇文章，“那就意味着你要加个6在数字串末尾，然后下个赌注是8，是这样吗？”“是的，你说得对，但我又输了。现在新的数字串是

~~1~~，2，3，4，~~5~~，6，8

这次我要投10个筹码了。我赢了，划掉2和8，下一个赌注是3+6=9，但是我又输了。”

“这个例子太糟糕了！”茉德噘嘴不满地抱怨道，“截至目前，你已经输了3次，只赢了1次！太不公平了！”

“没关系，没关系，”汤普金斯先生带着魔术师的自信说道，“等到这一回合结束，我们一定能赢。我上一轮中输了9个筹码，所以把9加到数字串尾巴上，现在新的数字串是：

~~1~~，~~2~~，3，4，~~5~~，6，~~8~~，9

我要投12个筹码。这次我赢了，所以划去3和9，新的赌注为4+6=10，我又连着赢了一次，数字全都被划掉了，这一回合完成了。所以尽管我输了5次赢了4次，但最后还是赚了6个筹码！”

“你确定赚了6个？”茉德将信将疑。

“相当确定。你看这个游戏系统就是这么安排的。只要回合结束，你总会赢6个。你可以用简单的算术来证明这一点，这就是为什么我说这个系统是数学赌法，而且不可能输的。如果你不信，可以拿一张纸出来自己试一试。”

“好吧，我就当你说的是真的，这个赌法真的不会输，”茉德若有所思，“不过当然，6个筹码并不算赢得很多。”

“你要是每回合都赢6个，那就是大赢了。你可以一遍又一遍地重复这个流程，每次都以1，2，3开始，想赢多少就赢多少。这样不是很好吗？”

“太棒了！”茉德兴奋地喊道，“那你可以把你银行的工作辞了，我们搬到更好的房子里去，我今天看见商店橱窗里有一件很好看的貂皮大衣，只要花……”

“当然我们要把它买下，但首先我们还是要赶紧去蒙特卡洛。肯定有其他很多人也看到了这篇文章，要是我们到了那里结果发现有别人赶在我们前面了，把赌场赢破产了，那就太糟糕了。”

“我现在就去给航空公司打电话，”茉德很积极，“然后订最近的一班飞机走。”

“你们急急忙忙要干什么呢？”门厅里传来熟悉的声音。茉德的爸爸进来了，惊讶地看了看这对兴奋异常的小夫妻。

“我们要坐最早的一班飞机去蒙特卡洛，等我们回来的时候，就变成大富翁了！”汤普金斯先生站起来跟教授打了招呼，说道。

“噢，我知道了，”教授笑了笑，在壁炉旁的一个老式扶手椅中找了个舒服的姿势坐下，问道，“你们找到了一种新的赌法？”

“但这次我们真的能赢，爸爸！”茉德的手还放在电话机上，跟父亲抗议道。

“是的，”汤普金斯先生补充了一句，把杂志递给了教授，“这次一定稳赢。”

“是吗？”教授笑了笑，“好吧，我来看看。”他极快地翻阅了这篇文章后，继续说，“这个赌法一个突出的特点就是那个决定你如何出赌注的规则。让你每次赌输后都要增加赌注，而每次赌赢之后减少赌注。这样一来，要是你非常有规律地交替输赢，你的本钱就会不断上下起伏，每一次增加的数量都比上次减少的数量稍微多一点。当然，在这种情况下，你很快就会变成百万富翁的。但是，你无疑也知道，这样的规律性是不存在的。实际上，这种有规律输赢交替的可能性同接连赢很多次的可能性是一样小的。所以我们必须看看，如果你接连赢几次或者连续输几次，会发生什么情况呢？如果你像那些赌徒们所说的走运了，这个规则就要求你每次赢了之后就减少，至少是不增加你的赌注，所以你赢的总数并不会太多。相反，如果你每次输了之后都要增加你的赌注，那你的结局太灾难了，你可能会破产。你现在可以明白了，那条代表你本钱变化的曲线有几个缓慢上升的部分，但是中间却穿插着急剧下降的部分。当赌局刚开始的时候，好像你能够一直保持在曲线缓慢上升的部分，看着你的钱虽然很缓慢但是一直在增长，你会享受片刻的满足感。但是当你赌了够久，希望赢得越来越多，这时候将会出乎你的意料，曲线急剧下降，下降的幅度之大可能会让你瞬间倾家荡产。我们可以用一个非常简单的方法来验证这个赌法或者其他赌法。曲线升高一倍的概率和它降到零点的概率是一样的。换句话说，最后赢钱的机会就等于你一次性把所有赌注都放在红色格子或者黑色格子上、把赌注翻倍或者一轮就全部输光的机会。这些赌法所能做的就是延长赌局时间，让你对赢钱产生更大的欲望。但如果这就是你想要的，大可不必搞得这么复杂。你知道，在一个轮盘上有36个数字，你可以每次都押35个数字，剩下一个不押。这样你赢钱的机会就是$\frac{35}{36}$，每赢一次，庄家会在你赌注中所押的35个筹码之外再多给你一个，在轮盘转36次当中，大约有一次转球会停在你正好没有押的那个数字上，那么你就会一下子输掉35个筹码。只要赌局玩的时间足够长，你本金的起伏曲线就和你玩杂志上的这个赌法的起伏曲线一样。

“当然，我一直假设的是庄家没有设空门通吃这一格的。事实上，我看到过的每一个轮盘都设有零这一格，有时还经常出现两个零格，这增加了下赌注的人输的概率。因此，不管赌钱的人用什么赌法，他的钱总会从自己口袋慢慢地溜到赌场老板的口袋里去。”

“你的意思是说，”汤普金斯先生沮丧了，“根本不存在稳赢的赌法，想要不冒更高的输钱的风险去赢钱是不可能的，是这样吗？”

"正是此意，"教授说，"不仅如此，我刚刚说的不仅适用于赌博这种相对不太重要的问题，而且还适用于许多在第一眼看来与概率定理毫无关系的物理现象。说到这个，要是你能设计出一个打破概率定理的系统，那么人们能做的事情就比赢钱更令人激动了。人们就可以生产不烧燃油的汽车，工厂也可以不用烧煤，还有诸如此类的神奇的事情。"

"我在哪个地方好像读过这种假想机器的文章——永动机，我记得它们是这么叫的"，汤普金斯先生说，"如果我记得没错，不用燃料就能运行的机器是不可能存在的，因为没有什么能凭空产生能量。管他呢，这种机器与赌博没有什么关系。"

"你说得很对，我的孩子，"教授表示同意，他的女婿对物理还知道一些，这令他很是满意，"这类永动机，人们把它们称作'第一类永动机'，是不可能存在的，因为它们违背了能量守恒定律。不过，我认为不烧燃料的机器跟它们不是一个类别，通常被称作'第二类永动机'。人们设计这类永动机并不是要它们凭空产生能量，而是将能量从周围的热库——土地、海洋或者空气中提取出来。例如，你可以想象有一艘蒸汽船，它的锅炉在冒着蒸汽，但它不是烧的煤炭，而是从周围的水资源中提取热量。事实上，如果真的有可能迫使热量从较冷的物体流到较热的物体上去，那么不用现行的方法，我们就可以创造出一个一个系统，将海水吸上来，取出其中的热量，然后再把剩下的冰块扔回海里。当 1 加仑的冷水凝结成冰，它就能给另外 1 加仑的冷水提供充足的热量加热到接近沸点。每分钟抽取很多的海水，那么就可以为一个正常大小的机器提供充足的能量。从各种实用的目的来说，这第二类永动机和第一类凭空产生能量的机器一样好。要是能用这样的机器来工作，世界上的每个人都能过着无忧无虑的生活，就像稳赢不输的人一样。不幸的是，它们都是不可能存在的，因为同样违背了概率定理。”

“我承认，从海水中提取热量，然后给轮船锅炉加热产生蒸汽，这个想法太疯狂了，”汤普金斯先生说，“不过，我还是没有明白这个问题和概率定理之间有什么关系。当然，你并没有说应该用骰子和轮盘来充当这些不烧燃料的机器的运动部件吧，你说了吗？”

“当然没有说！”教授大笑，“至少我相信就算是最疯狂的永动机发明者也不会提出这样的建议。问题在于热过程本身与骰子游戏是非常相似的，希望热量从冷的物体流到热的物体上，就像是希望钱从赌场主的保险柜流到你的口袋里去一样。”

“你的意思是赌场主的保险柜是冷的，我的钱包是热的？”汤普金斯先生现在非常困惑，问道。

“从某种意义上说，是这样。”教授回答，“要是你没有错过我上星期的那个讲座，你就会知道，热不过是无数粒子（即构成一切物质的原子和分子）在做快速的、不规律的运动。这种分子运动越剧烈，物体的温度就越高。因为这种分子运动非常不规律，它就遵循着概率定理，很容易就可以发现，一个由大量粒子构成的系统最有可能的状态必定与现有的总能量在粒子间或多或少均匀分布的状态相符。如果这个物体的某一部分受热，那么这个区域内的分子运动就开始变快，可以预料到的是，通过大量偶然的碰撞，这个额外的能将很快分给其他粒子。不过，因为碰撞是纯粹偶然的，所以也有这样一种可能，仅仅是偶然，某一组粒子可能牺牲其他粒子多吸收了现有的热量。这种热能自发集中在物体的某一特定的位置，就相当于热量逆着温度梯度流动，从原则上讲，我们是不排除这种可能的。不过要是有人尝试去计算这种热量的自发集中的相对概率，他得到的数值一定非常小，从实际层面可以被看作是不可能的。”

“噢，我现在明白了，”汤普金斯先生说，“你的意思是这些第二类永动机偶尔也能工作，不过发生的概率就如同扔 100 次骰子，连续 7 次扔出同样数字的概率一样小。”“概率比这个还要小很多，”教授补充，“事实上，在与大自然赌博时成功的概率微乎其微，我们甚至很难找到合适的词去描述它。比如，我可以计算出这个房间里所有空气集中到桌子下面而其他地方都完全真空的概率。这时你一次扔出骰子的数目应该与这个房间空气分子的数目相同，所以我必须知道这里有多少空气分子。我记得，在大气压下，每 1 立方厘米的空气所包含的分子数是一个 20 位数，所以整个房间的空气分子大约是 27 位数。桌子下的空间大约是整个房间空间的 1%，那么任何一个特定的分子跑到桌子下的概率是 1%，所以计算出它们一次性全部跑到桌子下的概率，1% 乘以 1% 再乘以 1%……直到每一个分子都数尽。我的结果将是一个小数点后有 54 个零的数字。”

“哎……”汤普金斯先生叹了口气，“我一定不会把赌注压在这么小的机会上了！不过这岂不意味着偏离均匀分布的情况根本不可能发生啦？”

“是的，”教授同意他的说法，“你可以把这看作一个事实：我们不会因为所有空气全部集中到桌子下面窒息而死。正因为均匀分布，所以你高玻璃杯中的液体才不会自动开始沸腾。但是如果你所考虑的区域小得多，里面包含的分子的数目就少得多，这时偏离统计分布的可能性就大了许多。举个例子，在一个特殊的房间里，空气分子会习惯地、自动地在某些点上聚得较密集一些，提高了不均匀性，这就被称为密度的统计波动。当阳光通过地球的大气时，这样的空气不均匀性会使阳光中的蓝光发生散射，从而给予天空熟悉的蓝色。如果没有密度波动的存在，天空将永远是黑色，而星星在白天也变得清晰可见。同样，当液体升温接近沸点的时候，它会呈现稍微的乳白色，这也能用分子运动的不规则性导致的相同的密度波动来解释。不过，这种波动在大规模上是几乎不可能的，我们活上几十亿年都不一定能看到一次。”

“但是就在现在，在这个房间，也是会有不同寻常的事情发生的可能，是吗？”汤普金斯先生坚持道。

“是的，当然，完全没有理由坚持说一碗汤不可能由于自身一般的分子偶然间获得了同一方向的热速度，而自己洒在桌布上。”

“这奇怪的事昨天才刚刚发生过呢，”茉德突然说话，她看完自己的杂志对他们的谈话产生了兴趣，“汤洒了，保姆说她没有碰到过桌子。”

教授听了咯咯笑，说：“在这个特殊情况下，我猜该负责任的是那保姆，而不是麦克斯韦的妖怪。”

“麦克斯韦的妖怪？”汤普金斯先生惊讶地重复道。

“我认为，科学家们是最不相信妖魔鬼怪这类东西的人呢。”

“是的，我们就是说说而已，并没有把它们当回事，”教授说，“麦克斯韦是著名的物理学家，是他引进了统计学妖怪这个概念的，为了将话说得更生动一些。他用这个概念来阐述关于热现象的讨论。麦克斯韦的妖怪被设定为一个行动速度非常快的角色，可以按照你的指令改变每个分子的运动方向。如果真的有这个妖怪的存在，那么热量就真的可以逆温度阶梯上行了，而热力学的基本定律——熵恒增加原则——就一文不值了。”

“熵？”汤普金斯先生重复着，“我之前听过这个字。有一次我同事办了场聚会，他邀请的几位化学专业的学生喝了一点儿酒之后就开始用奥地利童谣的调子唱了起来——

增增，减减

减减，增增

我们关心的是什么

熵到底是干什么的？

那么，熵到底是什么呢？”

“这不难解释，‘熵’就是一个术语，用来描述任何一个既定的物体或物理系统中分子运动的无序程度。分子间大量无规律碰撞总是倾向于会增加熵的数值，因为一个绝对的无序是任何统计系统最可能实现的状态。然而，如果真的有麦克斯韦的妖怪存在，他可能会使分子的运动遵循某种规律，就像一条好的牧羊犬可以把羊群聚起来，并控制羊群的行进方向一样，熵也会开始减小。我也应该告诉你，根据玻尔兹曼提出的所谓的H定理……”

显然，教授忘记了听他讲话的对象是一个实际上对物理一无所知的人，根本不及高年级学生的水平，所以他继续讲着，用了很多奇怪的术语，如“广义参数”和“准备态历经系统”这样的，还认为自己正在把热力学的基本定律及它们与吉布斯统计力学的关系讲得如水晶般透彻。汤普金斯先生已经习惯了他的岳父总是侃侃而谈他根本听不懂的话，所以他哲学家般地嘬着加了苏打水的苏格兰威士忌，努力使自己看起来很有智慧的样子。但是统计物理学的这些精彩部分对茉德来说真的是太难了，于是她蜷缩在椅子上，挣扎着不让眼睛闭起来。为了赶走睡意，她决定起身去看看晚饭做得怎么样了。

“夫人想要什么东西吗？”当她走进饭厅时，一个穿得很优雅的高高的男管家朝她鞠躬，问道。

“没有什么想要的，我就是过来跟你一起干活的，”她说道，很奇怪他为什么会出现在这里。这似乎太古怪了，因为他们从来没有聘过一个男管家，也雇不起。这个男人又高又瘦，橄榄色的肤色，长长的尖尖的鼻子，眼睛是绿色的，里面似乎燃烧着奇怪的、剧烈的火焰。

当茉德注意到他前额黑发中半露出的两块对称的肿块时，从头到脚打了一阵寒战。

“要么我是在做梦，”她心想，“要么真的是梅非斯特从大剧院跑出来了。”

“是我丈夫雇的你吗？”她大声地问道，只是想说点什么不要那么害怕。

“准确来说不是的，”这个奇怪的管家回答，艺术性地摸了摸餐桌，“实际上，我是自愿来这里的，为了向你尊敬的父亲证明我不是他认为的虚构人物，我是真实存在的。请允许我做一下自我介绍，我是麦克斯韦的妖怪。”

“噢！”茉德松了一口气，“那你应该不是坏人，不像其他妖怪一样邪恶，没有伤害任何人类的想法。”

“当然没有，”妖怪大大地咧开嘴笑着，“但我喜欢开实际的玩笑，而且我准备跟你父亲开个玩笑。”

“你想要怎么做？”茉德问着，依旧没有打消疑虑。

“只是想向他展示，如果我愿意，熵恒增加定律就会被打破。为了让你相信我能做到，你要是能跟我一起过去就感激不尽了。这根本不会有危险，我向你保证。”

听完他说的这些，茉德感觉到妖怪的手紧紧地抓住自己的手肘，她身边的每一个东西都变得疯狂起来。饭厅里所有熟悉的物件都开始以可怕的速度增大，她朝一张椅背最后看了一眼，椅背已经遮住了整个地平线。当一切最后平静下来，她发现自己飘浮在空中，被自己的同伴搀扶着。她看见许许多多网球大小的、朦朦胧胧的球体，从四面八方嗖嗖地飞过，不过好在妖怪很聪明地让他们不撞上任何看上去很危险的东西。茉德往下看，看到一个很像渔船的东西，直到船舷的边缘都堆满了闪闪发光的、颤动着的鱼。不过它们不是鱼，而是数不清的朦朦胧胧的球，非常像空中在他们身边飞过的那些。妖怪把她带到更近的地方，她感觉自己周围就是一片杂粮粥的海洋，这个海洋不停地运动着，没有规律可循。有些球升到表面来，有的球往下沉。偶尔还会有一个球以极快的速度冲到表面，速度之快甚至可以冲破表面飞到空中来，或者也有在空中飞的球突然沉下去，消失在千万的球当中。如此近距离地看着这个"粥"一样的东西，茉德发现这些球其实分两种不同的类型。如果说大部分的球像网球，那么更大一些的、更长一些的另外一种就像是美国橄榄球。这些球全部都是半透明的，似乎有着复杂的内部结构，茉德看不懂。

"我们这是在哪儿？"茉德气喘吁吁地说，"地狱就长这样吗？"

"不是的，"妖怪笑着说，"没有这么奇幻。我们只是在近距离细致观察高玻璃杯中的液体表面的一小部分，正是这个东西让你的丈夫在听你的父亲阐述'准备态历经系统'的时候保持清醒没有睡着。你看到的这些球都是分子，小的、圆的是水分子，而大的、长的是乙醇分子。如果你仔细算出这两种分子的比例，你就会发现你丈夫给自已倒了多烈的酒。”

“太有意思了，”茉德尽量表现得很严厉，“那些看起来像是戏水的鲸鱼样的是什么？它们不会是原子鲸鱼吧？”

妖怪看向茉德指着的地方，说：“不，它们不可能是鲸鱼。事实上，它们是烧焦了的大麦的非常细碎的碎片，正是这个成分给了威士忌独有的口味与颜色。每一个碎片都是由千百万的复杂的有机分子组成的，所以相比较而言很大、很重。你看它们老是跳来跳去，是因为有力作用在它们身上，由热运动而活跃起来的水分子和乙醇分子在撞击它们。这种中等大小的粒子小到能受到分子运动的影响，不过却又大到可以通过精密的显微镜被观察到，科学家们正是通过研究这种粒子才第一次直接证明了热运动理论。测量这样悬浮在液体中的微粒在跳塔兰台拉舞的剧烈程度，即通常所称的布朗运动，物理学家们能够得到分子运动能量的直接信息。”

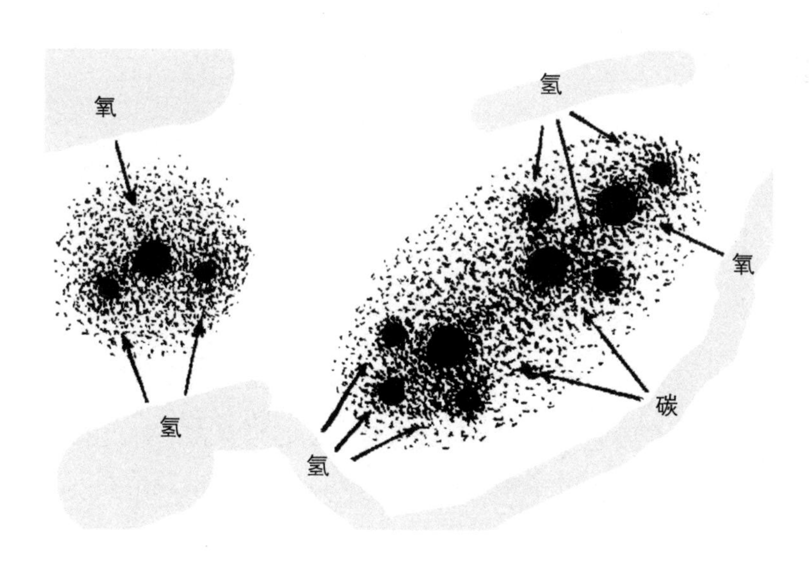

接着妖怪又带着她飘到了一堵巨大的墙前面，这堵墙是由无数的水分子像砖头一样整齐排列紧密贴合在一起组成的。

“多壮观啊！”茉德惊呼，“这正是我为我正在画的那幅肖像所要寻找的背景图。这么美丽的建筑究竟是什么呢？”

“是一块冰晶体的一部分，你丈夫的玻璃杯中许许多多的小冰块其中的一个，”妖怪说道，“现在，你要是不介意的话，我是时候开始给这位自信的老教授开个玩笑了。”

说着，麦克斯韦的妖怪便让茉德像一个不开心的登山者一样趴在冰晶的边缘，他开始行动了。他手里拿着像网球拍一样的工具，猛拍周围的分子。这边拍一下，那边拍一下，总是正好及时地击中每一个坚持朝错误方向运动的顽固分子。尽管茉德所处的位置非常危险，但是她还是忍不住欣赏起他奇妙的速度和准头，每当他成功地将一个飞速运动的、难以击中的分子折回去时，她都会兴奋地欢呼喝彩。比起她现在目睹的这场表演，她过去看到的那些网球冠军似乎都是毫无希望的笨蛋了。几分钟内，妖怪的工作成果已经相当明显了。现在，尽管液体表面部分还是覆盖着运动缓慢、安静的分子，但是她脚下的那部分却比以往任何时候都剧烈地翻滚着。在蒸发过程中逃出表面的分子的数量在急剧增加。现在它们成千上万地结群逃跑，撕开液体表面形成巨大的泡泡。然后一片蒸汽云雾遮盖了茉德的视野，她只能偶尔在大量疯狂的分子当中看见嗖嗖飞舞的球拍和妖怪的衣角。最后她趴着的这块冰晶体的分子也逃走了，于是她便掉落在蒸汽托着的厚厚的云团上。

当云散去，茉德发现自己还是坐在去饭厅前坐着的那把椅子上。

“天哪！熵！”她的父亲迷惑地盯着汤普金斯先生的玻璃杯，大喊道，“它在沸腾！”

杯子里的液体被猛烈冒出的气泡盖住了，一个稀薄的蒸汽云慢慢地向天花板升起。不过，最古怪的是杯中的液体只是在冰块周围相对较小的区域沸腾。其他地方的液体还是相当冷的。

“快想想看！”教授用充满敬畏、颤抖的声音说，“这就是我刚刚告诉你的熵定律里面的统计波动，我们现在亲眼看见了！这个机会太不可思议了，可能是地球诞生以来的第一次，运动较快的分子自发地、偶然地聚集到一部分的水的表面，然后水自己开始沸腾了！”

“天哪！熵！ 它正在沸腾！”

“在未来的几十亿年当中，我们可能依旧是唯一有机会观察到这一不凡现象的人。”他看着杯中慢慢冷却的液体感叹道，“这是多好的运气呀！”他的呼吸都充满着愉快的感觉。茉德笑着但是什么都没有说。她并不想和父亲争辩，但是这次她觉得自己比他懂得更多了。

# 第10章
# 快乐的电子部落

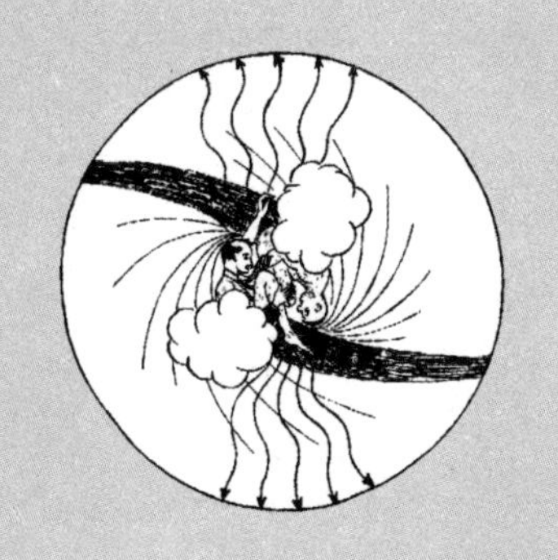

物理世界

奇遇记

▼
▽

几天之后的一个晚上，当汤普金斯先生吃完晚饭，他记起来他答应当天晚上去听教授关于原子结构的讲座。但他对于岳父这些没完没了的演讲感到非常厌倦，所以他决定忘记这个讲座，在家里度过一个舒舒服服的夜晚。然而，他刚准备拿本书来看的时候，茉德就堵死了他逃走的路，她看了看时钟，然后用温柔而坚定的语气提醒他，是时候该动身了。因此，半个小时以后，他又和一大群求知若渴的学生一起坐在学校演讲厅里的硬木头板凳上了。

“女士们、先生们，”教授透过他的老花眼镜庄重地看着听众，开始了他的讲座，“在上次的讲座中，我答应给大家详细地介绍原子的内部结构，说明这种结构的特点对于原子的物理性质和化学性质起到的作用。你们当然知道，原子已不再被看作物质最基本、无法分割的组成部分了，而这个角色现在是由电子之类的小得多的粒子来扮演的。

“把物质的基本组成粒子看作物体可分性的最后一级的想法，还要追溯到公元前 4 世纪的古希腊哲学家德谟克利特。他在思考事物隐藏的本性时，碰到了物质结构的问题，他开始考虑一个问题：物质是否可以分成无限小的组成部分？由于在那个年代，人们除了靠纯思维的方式以外，一般不用其他方法去解决问题，加上这个问题在当时也无法用实验方法去解决，德谟克利特就只好在他的思想深处去找寻正确的答案。在一些晦涩难懂的哲学理论的基础上，他最终得出了结论，物质可以被无限制地分为越来越小的组成部分这件事，是‘不可思议的’，因此必须假定存在着一种‘无法分割的最小粒子’。他把这种粒子命名为‘原子’，你们可能知道，这个词在希腊语里的意思就是‘无法分割的东西’。

“我不想贬低德谟克利特在推动自然科学进步的过程中做出的巨大贡献，但是值得注意的是除了德谟克利特和他的追随者外，毫无疑问还有一个古希腊哲学学派，这个学派的信徒坚称物质的分解过程可以无限制地一直进行下去。这样一来，无论将来精密科学会给出什么样的答案，古希腊哲学都会在物理学史上占据举足轻重的地位。在德谟克利特那个年代和以后的很多世纪内，有关这种无法分割的物质组成部分的存在仅仅是一个纯粹的哲学假说，一直到了19世纪，科学家们才断定说，他们终于找到了2000多年前那位古希腊哲学家所预言的那种无法分割的物质基础。

“实际上，英国化学家道尔顿在1808年就已经指出了倍比定律……”

几乎从讲座一开始，汤普金斯先生就感到一种不可抗拒的、想闭上眼睛睡完整个过程的愿望，只不过木板凳那种学院式的坚硬性使他没有这么做。然而，道尔顿提出的倍比定律成为他最后一根救命稻草，于是，安静的大厅很快就弥漫着来自汤普金斯先生所坐的那个角落的轻快的鼾声。

当汤普金斯先生沉睡之时，硬板凳的不舒服性似乎化成了在空中飘浮的那种轻飘飘的愉悦感。当他睁开眼睛的时候，他惊讶地发现自己正在以一种他认为是相当莽撞的速度在空间飞驰。环顾四周他发现不是他一个人在做这种荒唐的飞行。他旁边还有很多模糊的人形在围绕着人群当中一个巨大的、看上去很重的物体旋转。这些奇怪的人形结伴穿过空间，快乐地沿着圆形或椭圆形的轨道互相追逐。汤普金斯先生突然感到非常孤独，因为他发觉他是这群人中唯一一个没有玩伴的人。

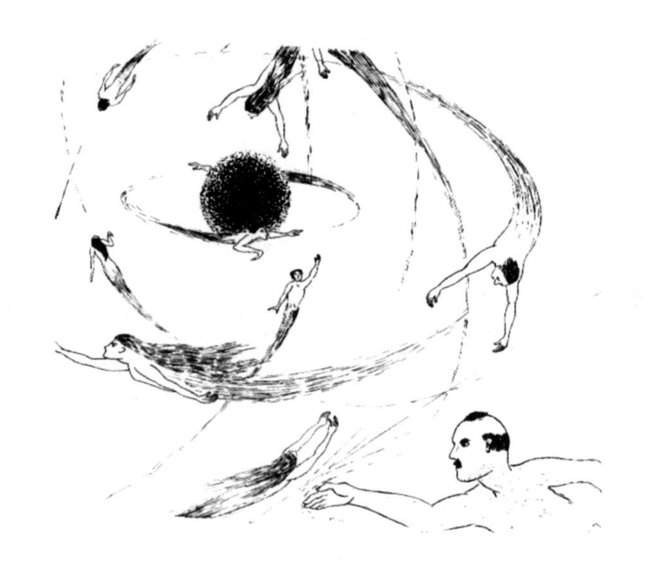

“我为什么不带茉德一起来呢？”汤普金斯先生沮丧地想道，“那么我们就可以和这群愉快幸福的人共度美好时光了。”他的运动轨道是在所有其他人的外面，而且尽管他很想加入这一伙，但好像有一股奇怪的力量不让他这么做。不过，当这些电子——现在汤普金斯先生意识到，他已经奇迹般地加入一个原子的电子集团——其中的一个沿着扁长的轨道从他身边经过时，他决定向它倾诉自己的处境。

“为什么我找不到一个人和我玩呢？”他从旁边大声嚷道。

“因为这是一个孤独的原子，而你是一个价电——子——”那个电子大声喊道，然后转身返回到跳舞的人群当中。

“价电子得单独生活，不然就要到另一个原子中去寻找伴侣。”另一个从他身边经过的电子用很高的女高音尖叫道。

“如果你想拥有伙伴，

你就要跳到氯原子中去寻找。”

另一个电子嘲弄地唱了两句小调。

“我看你初来乍到，我的孩子，你很孤独啊！”一个慈祥的声音在他头顶说着，汤普金斯先生抬起眼睛，看到一个穿着褐色束腰外衣的、矮胖的神父身形。

“我是泡利神父，”神父继续说，他也沿着轨道和汤普金斯先生一起运动，“我的使命就是密切关注原子中和其他地方的电子的道德和社会生活。我的职责是让那些贪玩的电子能够正确地分布在我们伟大的设计师玻尔所建立的美丽原子结构的各个量子房间当中。为了维持秩序，我从来不允许两个以上的电子处在同一轨道上；你知道的，婚姻的“三人行”总会有一大堆麻烦事。因此，电子的组合方式总是两个‘自旋’相反的电子结成一对，如果一个房间已经有一对电子居住着，就绝不允许别人闯进去。这是个很好的规定，而且我要补充一句，从来没有一个电子破坏过我的戒律。”

“这也许确实是一个很好的规定，”汤普金斯反对道，“可它目前对我来讲太不方便了。”

“我明白这一点，”神父笑着说，“这只是你运气比较差，偏偏当上了一个奇数原子序数的原子的价电子。你现在所附属的钠原子靠它的原子核（也就是你看到的正中间那团黑色的东西）的电荷，在它身边保留 11 个电子。但对你来讲不幸的是，11 正好是个奇数。当你考虑到在所有数目当中，正好有一半是奇数，只有另一半是偶数，这就不是一个不寻常的处境了。因此，既然你是后到的，你就要孤独地过着，至少暂时是这样。”

“你是说，我以后还能得到别的机会？”汤普金斯先生急切地问道，“比如说，把一个老住户赶走？”

“这恰恰是你不应该做的，”神父伸出一个指头对他摇晃着说，“不过，当然了，有可能一些内圈的成员因为外来的干扰被甩出去，从而空出一个位置。但是，我如果是你的话，我是不会指望发生这种情况的。”

“他们跟我说，如果我挪到氯原子中去，情况会好一些，”汤普金斯先生说，他被泡利神父的话弄得有点泄气了，“你能告诉我该怎么做吗？”

“年轻人啊，年轻人！”神父悲哀地呼喊道，“你为什么这么坚持要找个伴侣？你为什么无法欣赏独居生活和上天赐予你的使你灵魂安宁的良机？为什么连电子也总是要向往尘世的生活呢？不过，如果你一定要找个伴侣，我可以帮助你实现你的愿望。如果你朝我指的方向看去，你会看到一个氯原子正在靠近我们，尽管它离我们还很远，你可以看到有一个没有人占据的空位，你在那里肯定会大受欢迎的。那个空位在外面的那组电子里，即‘M 壳层’中。这个壳层应该是由 8 个电子组成的，它们结合成 4 对。但是，如你所见，现在有 4 个电子正在朝一个方向自旋，而朝另一个方向自旋的电子只有 3 个，还有一个位子是空的。里面的两个壳层，即‘K 壳层’和‘L 壳层’，都已经完全被电子占满了。因此，那个原子一定很乐意你来，把它的外壳层也填满。当两个原子靠得很近时，你就赶快跳过去，一般价电子们都是这样做的。这样的话，你大概就会得到安宁了，我的孩子！”说完这些话，这个电子教士难忘的身形突然消失在稀薄的空气里。

受到了莫大的鼓舞之后，汤普金斯先生竭尽全力跳到了氯原子的轨道上去。出乎意料的是，他很轻易地就跳了过去，并发现自己正处在氯原子 M 壳层成员的友爱包围当中。

“你来加入我们这个集体，实在是太好了！”那个自旋方向和他相反的新伴侣喊道，同时优美地沿着轨道滑翔着，“现在没有人会说我们这个集体是不完整的了，我们一起享受欢乐吧！”

汤普金斯先生也同意，这确实是很快乐，而且是非常快乐的，但是，这时有一个小烦恼侵入他的脑中，“当我再次看到茉德的时候，我要怎么解释这一切呢？”他感到很愧疚，不过时间并不长，“她肯定不会在意的，”他断定说，“毕竟它们只是些电子啊。”

“你离开的那个原子，为什么到现在还不走？”他的伴侣不高兴地问道，“难道它还希望你再回去？”

事实上，那个失去价电子的钠原子，真的和氯原子黏得很紧，似乎希望汤普金斯先生回心转意，再跳回到它那冷清的轨道上去。

“你想得倒好！”汤普金斯先生对于那个之前那么冷淡地接待他的原子皱着眉头，生气地说，“你是个要求马儿跑，又要马儿不吃草的家伙！”

“噢，它们一直是这样的，”M 壳层一个有经验的成员说，“我明白，钠原子的电子集团并不像钠原子核本身那么希望你回去。在中央的原子核与它的电子卫队之间，意见总是不一致的：原子核希望它的电荷拉住尽可能多的电子，而电子本身却宁愿它们的数目足够把壳层填满就行了。只有几种原子，也就是所谓稀有气体或德国化学家所说的惰性气体，它们那个起主导作用的原子核和从属于它的电子之间，愿望才一致。例如，氦、氖、氩这类原子都完全自给自足，它们既不撵走它们的成员，也不接纳新的成员。它们在化学上是不活泼的，总是和其他所有原子保持距离。但是，其他一切原子中的电子集团总是准备改变成员的数目。在钠原子中，也就是在你先前那个家里，原子核靠它的电荷所能保持的电子，比使壳层达到和谐所需要的电子多一个。而在我们这个原子中，正常电子队伍的人数却不能使壳层完全达到和谐，因此，我们欢迎你来，尽管你的存在会使我们的原子核负担过重。可只要你留在这里，我们这个原子就不再是中性的，它有一个多余的电荷。这样一来，你离开的那个钠原子就会因为静电引力的作用而停靠在我们旁边。我曾经听到我们那位伟大的教士泡利神父说，这种接纳了外来电子或失去了电子的原子集体，被称为‘负离子’或‘正离子’。他还经常用‘分子’这个词来称呼两个或更多个靠电子结合在一起的原子所组成的集团。不管怎么说，他好像把钠原子和氯原子这种特定的组合叫作‘食盐’分子。”

“你是想说你不知道食盐是什么东西吗？”汤普金斯先生说，他已经忘记在和谁说话了，“那就是你吃早餐的时候撒在炒鸡蛋上面的东西啊。”

“那‘早餐’和‘炒鸡蛋’又是什么呢？”那个被引起兴趣的电子问道。汤普金斯先生一开始有点气急败坏，后来才认识到，试图为他的伙伴们解释哪怕是人类生活中最简单的事情，也是毫无效果的。“这就是为什么我从它们关于价电子和满壳层的谈话中得不到更多的东西的原因。”他自言自语，决定好好领略一下参观这个奇异世界的乐趣，不再因为不能理解它而烦恼。不过要摆脱那个健谈的电子可不是件容易的事，他显然非常渴望把他在长期电子生活中所积累的知识统统倒出来。

“你可别以为，”他继续说，“原子结合成分子永远是只同一价电子发生关系。有些原子，如氧，需要再增加两个电子才能把它的壳层填满，还有些原子甚至需要再增加 3 个或更多的电子。另外，在某些原子中，原子核却掌握了两个或更多个多余的电子——或者说价电子。当这两种原子碰到一起，就会有大量电子从一种原子跳到另一种原子中去，把这两种原子结合起来，最终形成了很复杂的分子，这类分子通常含有几千个原子。还有一种所谓‘无极性分子’，这是由两个完全相同的原子所组成的分子，不过，这是一种很不愉快的情况。”

“不愉快？为什么呢？”汤普金斯先生问，他又一次感兴趣了。

“为了使两个原子维持在一起，”那个电子解释道，“需要做太多事了。不久之前，我有一次碰巧承担了这项任务，在我留在那里的全部时间内，我连片刻的空闲都没有。为什么呢？那里根本不像我们这儿，只要价电子开开心心地搬个家，造成原先那个原子在电荷方面的短缺，那个被抛弃的原子就自己停在旁边了。不，先生，在那里不是这样的。为了使两个完全相同的原子结合在一起，价电子必须一直跳来跳去，刚从一个原子跳到另一个原子上，就得马上又跳回来。我担保，你会觉得自己就像个乒乓球。”

听完它的话，汤普金斯先生感到非常惊讶：这个电子不知道炒鸡蛋是什么，可是谈到乒乓球却这么顺口。不过汤普金斯先生把这个问题放过去了。

“我永远不想再承担这种任务了！”这个懒惰的电子嘟囔着，它因为这个不愉快的回忆而激动得很厉害，“在这里，我感到很舒适。”

“等一等！”他突然喊了起来，“我想我已经看到一个更好的地方了，我该去那里了，再——见！”说完，他使劲一跳，朝着原子的内部猛冲过去。

朝他前进的方向看过去，汤普金斯先生现在明白发生什么事情了。似乎有一个外来的高速电子出乎意料地闯入内部的电子体系，把一个内圈电子从原子的空隙撞了出去，于是，‘K 壳层’现在空出了一个舒适的位置。汤普金斯先生一边指责自己错过了进入内圈的机会，一边很感兴趣地注视着刚刚和他谈话的那个电子的行踪。那个走运的电子越来越深地奔向原子的内部，而且有一道明亮的光伴随着他这次成功的飞行。一直到他最终抵达内部轨道的时候，这道刺得眼睛几乎睁不开的射线才熄灭了。

“那是什么？”汤普金斯先生问，他的眼睛因为观看这个出人意料的景象而隐隐作痛，“为什么这一切会变得这么明亮？”

“哦，这不过是因为这种转移而发射出的 X 射线罢了，”他那个同轨道的伴侣一面解释道，一面笑着他的窘态，“我们当中只要有一个人能够成功地深入原子的内部，多余的能量就会以射线的形式发射出来。这个幸运的小伙子跳得很远，所以他就释放出巨大的能量。不过，我们常常只能够满足于比较近的跳跃，也就是跳到原子的近郊区，那时我们所发出的射线叫作‘可见光’——至少泡利神父是这样称呼它的。”

“可是，这种X光——不管你怎么叫它——也是可以看见的，”汤普金斯先生争辩道，“我应该说，你们的用词很容易给人留下错误的印象。”

“不过，这是因为我们是电子，所以对任何一种射线都很敏感。泡利神父对我们说过，世界上有一种巨大的生物，他管他们叫作‘人类’。他说，这种人类所能看到的光，能量间隔——他把这种间隔叫作波长范围——是很窄的。有一次，他还跟我们说，有一个了不起的人——我记得他的名字叫作伦琴——好不容易才发现了X射线，现在，他们主要把它用在一种叫作“医学”的事情上。”

“是的，是的，这件事我知道得不少。”汤普金斯先生说，他为现在能够露一手而感到骄傲，“你愿意我给你讲讲吗？”

“谢谢你，不用啦。”那个电子打着哈欠说道，“我对它实在不感兴趣，难道你不说话就不舒服吗？来，你来追我，看看能不能把我捉住！”

接着有很长一段时间，汤普金斯先生一直享受着和其他电子一起用一种值得赞赏的荡秋千的动作在空间疾驰所产生的快感。后来，他突然觉得自己的头发一根根直竖起来，以前他有次在山上碰到雷雨时，也有过类似的体验。显然，有一个强烈的电干扰正在逼近它们的原子，它破坏了电子运动的和谐，迫使电子们离开它们的正常轨道。在人类的物理学家看来，这只不过是一个紫外光波正在从这个特定的原子所处的地点经过，但对于微小的电子来说，这简直是一场可怕的电风暴了。

“靠近一点！”他的一个伙伴大声喊道，“不然你会被光效应的作用力甩出去的！”但现在太晚了，汤普金斯先生已经被攫离他的同伴，以可怕的速度往空间中直扔出去，就像两个强有力的手指把他捏住那样干脆利落。他气也喘不过来地在空间中越冲越远，匆匆地掠过各种各样的原子。他经过这些原子时的速度是那么快，以至于很难把每个电子分辨出来。突然，一个巨大的原子出现在他的正前方，他明白，一场碰撞是在所难免了。

“对不起，可是我碰上了光电效应，我无法……”汤普金斯先生开始很有礼貌地说道，但后半句话完全淹没在一个刺耳的爆裂声中，因为他此时面对面地撞上了一个外层电子。他们俩都脑袋朝下地摔入空间中。不过，汤普金斯先生已经在碰撞中失去了他的大部分速度，现在能够比较仔细地研究他的新环境了。那些屹立在他周围的原子比他之前看到过的任何一个原子都要大得多，他可以数出它们各有 29 个电子。要是他有比较丰富的物理学知识，就会认出它们是铜原子，可是，在这么近的距离上，这群原子作为一个整体看上去一点也不像铜。此外，它们的位置靠得非常近，形成一种有规则的图案，延伸到他眼睛看不见的地方。不过，最使汤普金斯先生感到惊讶的是，这些原子似乎并不太注意保持电子的数额，尤其是它们的外层电子。实际上，它们的外层轨道大部分是空的，但却有一群群自由自在的电子在空间里暖洋洋地挪动着，时不时地在这个原子或那个原子的外围停一停，但停留的时间总是不会长久。汤普金斯先生经过在空间中那次累人的飞行，已经疲惫不堪，因此，他首先想在铜原子中找一个稳固的轨道稍事休息。然而，他很快就受到那群电子普遍的懒散情绪的影响，并参与到其他电子中去做那种漫无目的的运动。

“这里的事情组织得不是很好，”他自言自语，“不爱工作的电子实在太多了，我想，泡利神父应该想办法解决一下。”

“为什么我该想办法？”神父那熟悉的声音响起了——他突然从什么地方出现了。“这些电子并没有违背我的规定，不仅如此，它们现在确实正在完成一件非常有用的任务。你可能还不知道，如果所有原子都像某些原子那样，十分热衷于保持它们的电子，就不会有导电性这类东西了。那样一来，连你家里的电铃也响不了，更不要说电灯和计算机了。”

“啊，你是说，这些电子负载着电流？”汤普金斯先生问道，他抓住一线希望，希望谈话能转到他比较熟悉的话题上去，“可是，我看不到它们在向任何特定的方向运动啊。”

“首先，我的孩子，”神父严肃地说，“你不该用‘它们’这个词，而应该说‘我们’。你好像忘记了你自己是一个电子，也忘记了当有人按那个与这根铜线接在一起的按钮时，电的压力就使你和所有其他导电电子一起赶去呼喊女仆或做别的需要做的事了。”

“可我并不想这么做啊，”汤普金斯先生固执地说道，声音里夹杂着急躁的语气，“事实上，我已经不耐烦再当电子了，我不觉得这有多少乐趣。什么样的生活啊，永远要承担这么多电子的责任！”

“倒不一定是永远，”泡利神父反对说，他肯定并不喜欢为那些平凡的电子辩护，“你总是会有机会发生湮没，从而失去你的存在的。”

“发——生——湮没？”汤普金斯先生重复了一遍，感到一股寒流在他脊梁上来回跑动，“可是，我总认为电子是永存不灭的。”

“这是物理学家们直到不久之前还一直相信的事”，泡利神父赞同地说，他对他的话所产生的效果感到很有趣，“但是，这并不完全正确。电子也像人一样，可以有生有死。当然，这里没有生病衰老那样的事；电子的死亡只有通过碰撞才能达到。”

“不过，我在不久之前才碰撞过呢，那可是糟透了的一次，”汤普金斯先生恢复了信心说道，“要是那次碰撞都没有把我报销掉，那我就想象不出有什么碰撞能够这样了。”

“问题不在于你碰撞的力量有多大，”泡利神父纠正道，“而在于碰撞的对方是谁。在你最近那次碰撞中，你大概是撞上了另一个和你一模一样的负电子，在这样的冲突中是没有危险的。实际上，你们可以像一对公羊那样互相顶触而不造成任何伤害。可是，还有另一种电子——正电子，它直到不久以前才被物理学家所发现。这些正电子的行径和你一样，唯一的差别在于它们的电荷是正的，而不是负的。当你看到一个这样的伙伴向你靠近，你会认为它只不过是你这个部落中的一个无害的成员，并且迎过去问候它。可是，这时你会突然地发现，它不像任何正常的电子那样，轻轻把你推开以避免碰撞，而是一个劲儿地把你拉过去。于是，你不管想做什么都来不及了。”

“为什么？”汤普金斯先生问道，“那时会发生什么事呢？”

“它会把你吃掉，把你消灭掉。”

“多么可怕啊！”汤普金斯先生喊道，“一个正电子能吃掉多少个可怜的普通电子呢？”

“幸而只能吃掉一个，因为在毁灭掉一个电子的时候，那个正电子自己也毁灭了。你可以把正电子描绘成自杀俱乐部的成员在寻找互相湮没的对手。它们自己并不互相伤害，可是，一旦有一个负电子碰上了它们，这个负电子就没有多少幸存的可能性了。”

“我侥幸还没有碰到过这样的怪物，”汤普金斯先生说，这些描述给他留下了深刻的印象，“我希望它们的数量并不太多。它们的数量多吗？”

“不，并不多，原因很简单：它们总是在自找麻烦。因此，它们生下来之后很快就消失了。要是你稍微等一等，我也许能够指出一个正电子给你看看。”

“好了，这里就有一个，”泡利神父在短暂的沉默以后继续说着，“如果你仔细地观察这里的重原子核，你就会看到一个这样的正电子正在诞生。”

神父的手所指的那个原子，显然由于某种强大的辐射从外界射到它上面，而受到强烈的电磁干扰。这是比那种把汤普金斯先生扔出氯原子的射线厉害得多的干扰，因此，围绕着那个原子核的电子家族正在瓦解，像台风中的树叶那样被吹向四面八方。

“你好好注意那个原子核。”泡利神父说道。于是，汤普金斯先生专注地看着，他看到一种最不寻常的现象正在那个被破坏了的原子的深处发生。在内部电子壳层的里面很靠近原子核的地方，两个模糊的阴影正在逐渐成形，一秒钟以后，汤普金斯先生看到两个全新的、闪闪发光的电子以极快的速度从它们的出生地彼此飞开。

“可是，我看到的是两个啊。”汤普金斯先生说道，他被这种景象迷住了。

“这是对的，”泡利神父同意说，“电子总是成对诞生的，不然就会和电荷守恒定律相矛盾了。原子核在伽马射线作用下所产生的这两个粒子，有一个是普通的负电子，另一个是正电子，也就是那种凶手。它现在就要去寻找牺牲者了。”

“好吧，既然每生下一个注定要毁灭掉一个负电子的正电子，就同时也生下另一个普通电子，那情况就不是那么糟了，”汤普金斯先生颇有创见地评论道，“至少，这不会导致电子部落的灭绝了，我……”

“当心！”神父打断了他的话，从旁边猛推他一下，这时那个新生的正电子正从旁边呼啸而过，而且马上撞上另一个电子，“你要特别小心身边这些危险的粒子。但是我觉得我已经花太多时间和你聊天了，我还有其他事情要做。我必须照看我的宠物‘中微子’……”

然后神父就消失了，汤普金斯先生还没有来得及知道‘中微子’是什么并且它是不是值得担忧的。被抛弃以后，汤普金斯先生感到比之前更孤独了，每当一个或其他同伴的电子在他穿过空间时靠近他，他甚至悲观地觉得在每个无辜的外表之下，都可能隐藏着凶手的心。很长一段时间内，他的恐惧和希望似乎是没有道理的，他不愿意承担起导出电子的沉闷职责。

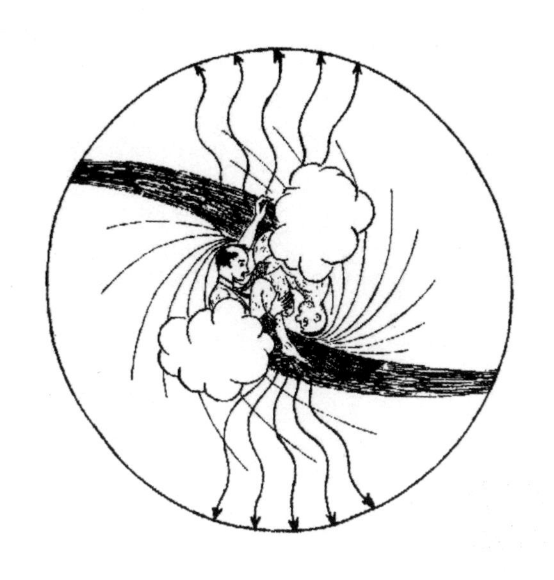

在汤普金斯先生最不抱预期的时候，事情突然就发生了。感受到强烈地与别人交谈的需求，甚至是和一个愚蠢的导电电子交谈，他靠近了一个缓慢移动的粒子，这个粒子看上去是这条铜线上的新来者。然而，即使在远处，他也意识到已经做了一个错误的选择，而且一种不可抗拒的吸引力正拖着他，不允许他撤退。他尝试着挣扎脱身，但是他们之间的距离变得越来越近，汤普金斯先生看到他的捕获者脸上露出了邪恶的笑容。

“让我走！放开我！”汤普金斯先生竭力喊着，他的手臂挣扎着并用脚踢他的腿，“我不想被消灭；我会导出永恒的电流！”但这一切都是徒劳，周围强烈的辐射照亮了整个空间。

“好吧，我不在了，”汤普金斯先生想，“但是我为什么还能思考？我的身体被湮灭，但我的灵魂去了量子天堂？”然后他感受到了一种新的力量，这次更加柔和、坚定地摇着他，他睁开双眼，认出了是大学的看门人。

“很抱歉，先生，”他说，“但讲座已经结束好一阵子了，我们现在要关闭大厅了。”汤普金斯先生打了个哈欠，看上去很难为情。

“晚安，先生。”看门人带着同情的微笑说道。

# 第11章

# 上次演讲中 汤普金斯先生睡过去的那一部分

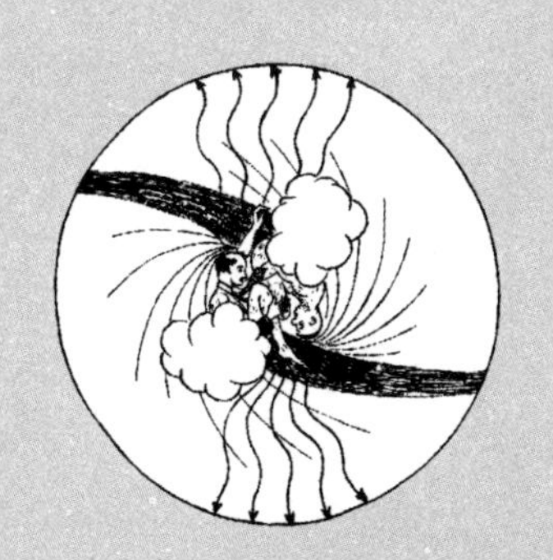

事实上，在 1808 年，英国化学家道尔顿就已经证明，形成更复杂的化合物所需要的各种化学元素的相对比例，总是可以用整数之比来表示的，即倍比定律。他在解释这个经验定律时认为，主要是因为所有化合物实体都是由不同数量的、代表简单化学元素的粒子构成的。中世纪的炼金术没有能够把一种化学元素转变成另一种化学元素，这恰恰很明显地证明了这些粒子的无法分割性。于是很快人们就用古老的希腊名字“原子”给它们命名。这个名字一经提出，就立刻确定下来，沿用至今。尽管现在我们知道，这些“道尔顿的原子”根本不是无法分割的，它们事实上是由大量的更小的粒子构成的，但是我们却对它们名字中的哲学不一致性睁一只眼闭一只眼，并不打算重新命名。

因此，被现代物理学家称为“原子”的这个整体，根本不是德谟克利特想象的那种基本的、无法分割的物质单元成分。如果将术语“原子”这个词用于那些组成了“道尔顿的原子”的更小一点的粒子，如电子和质子，可能会更准确些。但是名字这样改可能会导致过于混乱，毕竟物理学中没有人会过于关心哲学上的一致性！因此，我们保持道尔顿意思上的“原子”这一古老的名字，然后将电子、质子等称为“基本粒子”。

基本粒子这个名字当然指的是，现在我们相信这些更小的粒子确实就是德谟克利特意义上的那种基本的、无法分割的粒子，你可能会问我，历史会不会重演？在科学进一步研究中，现代物理学中基本粒子会不会被证明其实也是相当复杂的。我的回答是，尽管没有绝对的保证说这不会发生，但还是有很多理由相信，在当下，我们完全是正确的。事实上，有92种不同种类的原子（相对应于92个不同的化学元素），每一种原子具有相当复杂的特性。现在的情况是，人们要沿着将这种复杂的图像归纳成更基础的图像这一条线，做一些简化研究。另外，现在的物理学承认了只有少数不同种类的基本粒子：电子（正负电荷轻粒子）、核子（带电荷的或者电中性的重粒子，同样可以称为质子和中子）以及尚未被完全阐明的所谓的中微子。

这些基本粒子的特质非常简单，进一步归纳也不会再简化了。此外，我相信你会理解的，如果你想要建一个更复杂的物质，你总是需要了解许多基本概念的，通常两三个基本概念不算多。因此，在我看来，你完完全全可以相信，现代物理学的基本粒子完全符合它们的名字。

现在我们可以转而谈论关于道尔顿的原子是如何由基本粒子构成的问题了。这个问题第一个正确的答案是由著名的英国物理学家卢瑟福于1911年给出来的。他通过让放射性元素衰变产生的高速 α 粒子，轰击不同的原子，从而研究原子结构。他观察了这些微型炮弹在通过一片物质之后所发生的偏转（散射），然后得出结论，认为所有原子都一定有一个非常紧实的、带正电的核心（原子核），周围是一片相当稀薄的负电荷云（原子大气）。现在我们知道，原子核是由一定数量的质子和中子（它们统称为核子）构成的，有一个很强的内聚力将它们紧紧地贴合在一起，原子大气是由不同数量的负电子构成的，这些负电子在原子核正电荷静电引力的作用下在原子核周围环绕。形成原子大气的电子的数量决定了这个原子的所有物理及化学特质，对应了化学元素从1(氢)一直到92(已知的最重的元素铀)的自然排序。

尽管卢瑟福的原子模型很明显太简单了，但是想要详细了解它绝对不简单。事实上，按照古典物理学的一个最有把握的信念，围绕原子核旋转的带负电的电子必定会通过辐射过程(发光)而失去它的动能，而且经计算，由于这些恒定的能量损失，形成原子大气的所有电子，在可以忽略不计的几分之一秒中，就会坍缩到原子核上。这听起来似乎是古典理论十分支持的一个结论，然而却与经验事实形成尖锐对立的状态。恰恰相反的是，经验事实表明，原子大气非常稳定，原子中的电子在无限的时间里继续围绕着原子核旋转，而不会坍缩在原子核上。因此，我们可以看到，在古典力学的基本概念与适用于原子世界中微小的结构单元的力学行为的经验数据之间，存在着根深蒂固的矛盾。这一事实让著名的丹麦物理学家玻尔意识到，古典力学，在几个世纪里一直存在于自然科学体系中特权保障地位的一个理论，从现在起，应该只被看作一个有局限的理论，它适用于我们日常经历的宏观世界，却完全不适用于研究各种原子中发生的更精细的运动。玻尔认为，想要建立一门新的更普遍的力学，让它同样可以适用于原子机制中微小粒子的运动，在古典理论所考虑的所有无限多的运动种类当中，只有少数特定选取的类型才可能真实地发生在自然界。这些许可的运动类型，或者说是轨迹，可以根据一定的数学条件挑选出来，即玻尔理论中的量子条件。

在这里，我不会细致地探讨这些量子条件，不过我只想要提醒一下大家，科学家们选择了这一种方法，他们所提出的所有限制，对于运动粒子的质量远大于我们在原子结构中所遇到的质量这样的情况，是没有实际意义的。因此，这种新的微观力学在运用到宏观物体上时所得到的结果，就和旧的古典理论运用到微观原子上的结果一模一样了(对应原则)。只有在微小的原子机制中，两套理论的分歧才具有极其重要的价值。我不会再深入讲细节了，不过我会从玻尔理论的视角来满足你们对原子结构的好奇心。我要向你们展示原子中的玻尔量子轨道的示意图，你们这里看到的是圆形和椭圆形的轨道系统，它们当然是无数倍放大了，这些轨道代表着在玻尔量子条件下构成原子大气的电子“被允许的”运动类型。古典力学允许电子在距离原子核的任何距离上运动，而对于电子的运动轨道的离心率却没有给任何限制。相反,玻尔理论选定的轨道是离散的,它们的特征维度都被严格限制了。每个轨道旁边的数字和字母，都代表这个轨道在一般分类法中的名字；你们可能会注意到，举个例子，数字越大，对应的轨道直径就越大。

尽管玻尔的原子结构理论在解释原子和分子的各种性质上成果颇丰，但是关于离散的量子轨道这个基本概念却依旧是相当模糊的，我们越想要深入分析古典理论的这个超乎寻常的限制，整个图像就会越不清楚。

玻尔关于氢原子中电子“被允许的”量子轨道的原始图示

最后，人们才弄清楚，玻尔的理论的不足之处在于，总是通过给古典力学施加一些与古典力学本身原则上就不相容的条件来限制这个体系的成果，而不是以一些基础的方法来改造古典力学。13 年以后，整个问题有了正确的解决方案，就是所谓的“波动力学”。这个理论参照了新的量子原理，然后修改了古典力学的整体基础。此外，尽管第一眼看来这个波动力学的体系似乎比玻尔的旧理论还要疯狂，但是这个新的微观力学却代表了今天理论物理学中的最具有内部一致性、接受范围最广的一个部分。

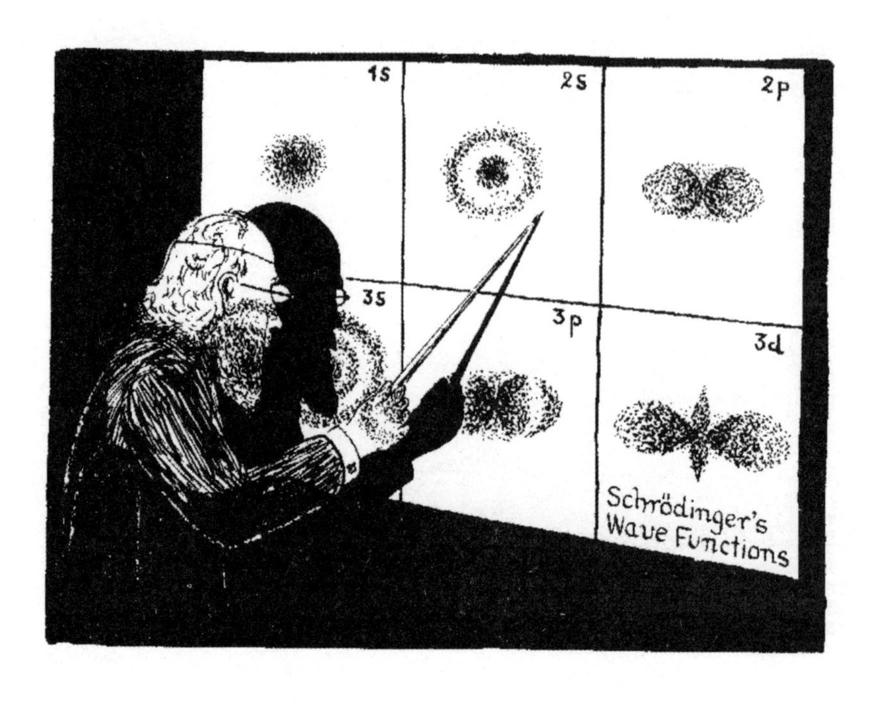


由于新力学的基本原理，尤其是“不确定性”和“轨道散开”这些概念，在我之前的讲座中已经讨论过了，我建议你们翻翻笔记回忆一下，接下来我们就要转回原子结构的问题了。我现在放的这幅图上，你们会看到波动力学理论是如何从“轨道散开”的角度将原子中电子的运动可视化的。这幅图显示的就是上一幅图用古典理论的方法表示出的相同的运动类型（除了由于技术原因外，现在每一种运动状态是单独画出来的），但是，我们现在看到的是与基础的不确定性原则一致的散射状态，而不是玻尔理论中轮廓清楚的轨迹。不同运动状态旁边的记号与上一幅图中的记号相同，但是比较这两幅图，如果你稍微施展一下想象力，你们就会注意到，我们这些云状的形态与旧的玻尔轨道的一般特点相当忠实地重复了。

这些图十分清楚地向你们展示了，在量子参与进来的时候，古典力学中那些老式轨迹会发生什么样的变化，尽管门外汉会认为这些图是奇幻的梦，但研究原子微宇宙的科学家们却毫不费力地接受了它们。

在简单地探索了原子中的电子大气可能的运动形态后，我们现在面临着一个重要的问题，关于不同的可能运动状态下不同原子中的电子的分布情况。这里，我们再一次要接触一个新的原理，一个在宏观世界中非常不熟悉的原理。这个原理是由我的朋友泡利首次提出的，他认为，一个既定的原子的电子集体中，任何两个粒子都不会同时具有相同的运动类型。如果在古典力学中，这个限制是没有很大的重要性，因为在古典力学中有无限种可能的运动状态。然而，既然量子定律已经大幅减少了“被允许的”运动状态的数量，那么泡利原理在原子世界中就起着非常重要的作用，它保证了电子或多或少在原子核周围均匀地分布，而不会让它们在某个特定的点上聚集起来。

不过，你们千万不要从上面的这个新原理的公式中得出结论说，我这个图上展示出的每一个散射的量子运动状态，都只被一个电子“占据”。实际上，除了沿着它的轨道运动外，每一个电子也会绕着自己的轴自转，如果两个电子自转方向不同，那么它们沿着同一个轨道运动，根本不会让泡利博士忧虑了！目前对电子自转的研究表明，电子自转的速度永远是相同的，而且电子轴的方向永远与轨道平面垂直。这样就只有两个不同的自转的可能性了，我们可以用“顺时针方向”和“逆时针方向”来形容。

因此，泡利原则在运用于原子的量子状态时，可以用以下的方式重新表述：每一个量子运动状态最多可以被两个电子“占据”，这两个电子的自转方向必须相反。因此，当我们沿着元素的自然排序向电子数越来越多的原子推进时，我们会发现，不同的量子运动状态逐渐被电子填满，而且原子的直径也稳步增长。在这里必须提出，从它们结合强度的角度来看，不同量子状态下的原子、电子可以被归为几组（放置在电子壳内），每一组有着大致相同的限制。当我们顺着元素的自然排序推进时，总是一组填满之后再填下一组。电子顺序充填每个电子壳的结果就是，每个原子的特质也发生了周期性的改变。这就解释了俄国化学家门捷列夫如何靠经验发现了众所周知的元素周期性。

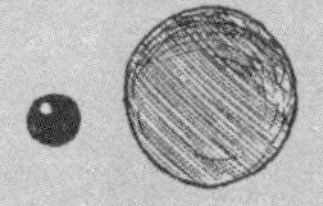

# 第12章

# 原子核内部

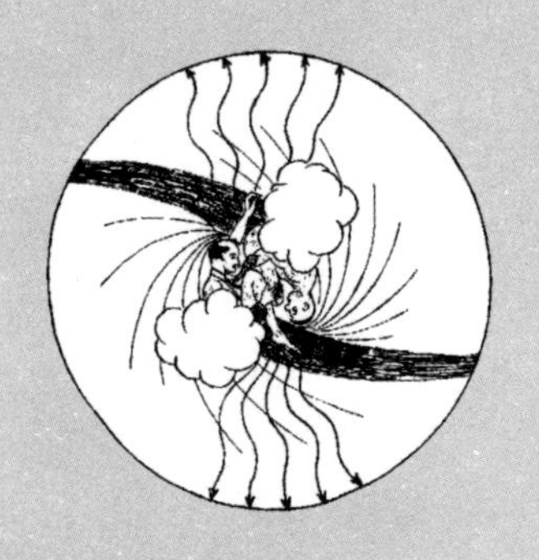

▼
▽

汤普金斯先生参加的下一个讲座，是专门介绍原子核内部的，原子核是原子中电子革命的轴心点。

女士们，先生们：

我们越发地深入研究物质的结构，现在我们可以尝试着以自己智慧的眼睛，穿透原子核，看一看其内部结构了。这一块神秘的区域只是原子本身总体积的千百亿分之一的部分。然而，尽管我们这个新研究领域的维度小得令人难以置信，但是我们发现它其中蕴含着巨大的活动性。事实上，原子核毕竟是原子的中心，尽管它的体积相对较小，但却占了总原子质量的99.97%。

从原子那个密度稀薄的电子云穿进去，进入原子核区域，我们立刻会很惊讶地发现，其中的粒子呈现异常拥挤的状态。平均来说，在原子大气中电子运动的距离超过它自己的直径几十万倍，而在原子核内部的粒子只能“手肘挨着手肘”地紧紧贴着挤在一起，假设它们有手肘的话。从这个意义上来讲，原子核内部所呈现的画面与一般的液体很相似，除了我们现在所碰到的不是分子，而是比它小很多而且多很多的粒子之外。这些基础粒子就是质子和中子。这儿应该注意到，尽管质子和中子有着不同的名称，但人们现在却把它们看成同一基础重粒子——“核子”——的两种不同带电状态。质子是带正电的核子，中子是电中性的核子，但是也不排除存在带负电的核子的可能，尽管它们尚未被发现。至于提到它们的几何尺寸，核子和电子没有显著的差异，直径大概是 0.000 000 000 000 1 厘米，但核子比电子重多了，把一个质子或者中子放在天平的一端，另一端要放上 1840 个电子，天平才能平稳。正如我所说的，组成原子核的粒子都紧紧地挤在一起，这都是由于某种特殊的原子核内聚力的作用。这种力与作用于液体分子间的力类似，可以防止各个粒子相互分离，但又不阻碍它们发生相对位移。因此，原子核物质就具有一定程度上的流体性质，在不受其他外力的干扰时，它们呈现的是球形，就像普通水滴一样。我接下来会给你们画一张示意图，图中你们将会看到由质子和中子构成的几种不同的原子核。最简单的是氢的原子核，只含有一个质子，而最复杂的是铀的原子核，含有 92 个质子和 146 个中子。当然，你们应该把这些图片看成真实情况的高度公式化的示意图，因为根据量子理论基本的不确定性原则，每个核子的位置都在整个原子核区域内“散开”。

正如我说过的，构成原子核的各个粒子是由很强的内聚力聚集在一起的，但是除了这些吸引力之外，还有其他一些作用力方向相反的力。事实上，大约占原子核内部粒子总量一半的质子是带正电的，根据库伦静电力的作用自然是相互排斥的。对于比较轻的原子核来说，它们的电荷比较小，所以库伦斥力没有什么影响，但是对于较重的、电荷很多的原子核来说，库伦斥力就会开始与内聚力进行激烈的竞争。

一旦这种竞争发生了，原子核就不再稳定了，很容易就会把一些组成部分喷射出去。这就是许多处在周期表末尾的元素会发生的情形，这些元素被称为“放射性元素”。

由以上的讲解你们可能会得出结论：这些不稳定的重原子核会放射出质子，因为中子不带电荷，所以不受库伦斥力的作用。

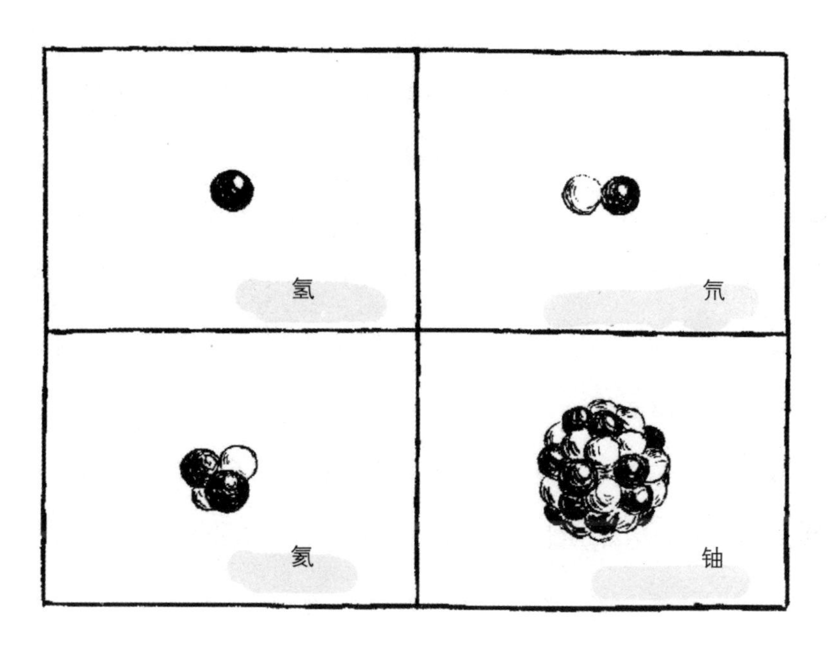


氢、氘、氦和铀的原子核

然而，实验证明，实际上被射出的粒子是所谓的 α 粒子（氦的原子核），即由两个质子和两个中子构成的一个复合粒子。这个事实可以用原子核内部各个部分特殊的结合方式来解释。很明显由两个质子和两个中子构成的这种组合形式尤其稳定，因此，把整个粒子团一次性扔出要比把它分裂成质子和中子简单得多。

你们可能知道，放射性衰变现象是由法国物理学家贝克勒尔首次提出的，然后由著名的英国物理学家卢瑟福把它解释为原子核自发嬗变的结果。卢瑟福，这个人的名字我在之前的讨论中已经提到过了，他在原子核物理学中有很多重大发现，对科学做出了卓越的贡献。

α 衰变过程一个最独特的特点就是，α 粒子要找到出原子核的“门路”，往往需要极其长的时间。对于铀和钍，这个过程可以以十亿年的时间来计；对于镭，时间大约是 16 个世纪。尽管有的元素发生衰变只需要几分之一秒，但它们的整个寿命与原子核内部运动的速度比起来是相当长的。

是什么使 α 粒子有时能在原子核内部待上数十亿年呢？而且如果它已经待得足够久了，为什么最后还是要出去呢？在回答这个问题之前，我们必须先稍微了解一下内聚引力与作用于粒子使它们脱离原子核的静电斥力的相对强度。卢瑟福曾利用所谓的“原子轰炸”的方法，对这两种力进行了仔细的研究。卢瑟福在卡文迪许实验室做了个著名的实验，他发射了一束从某种放射性物质发射出的快速运动的 α 粒子，然后观察这些“原子炮弹”在与它们所射到的物质的原子核发生碰撞时发生的偏离（散射）。这些实验证实了一个事实，当这些原子炮弹离原子核较远时，它们受到核电荷的静电斥力的排斥，如果原子炮弹能够越来越靠近原子核区域内外围，这种斥力就会变成强引力。你可以说，原子核有点类似一个四周围着又高又陡的围墙的堡垒，防止粒子的进入，同样又阻碍了粒子的逸出。但是卢瑟福的实验最令人惊讶的结果是，在原子核衰变过程中逸出的 α 粒子，以及从原子核外部射进去的“原子炮弹”，实际上它们的能量都太小了，根本不能穿过围墙，即我们所说的“势垒”。这是一个与古典力学所有基本概念完全相矛盾的事实。确实，如果你扔一个球的能量小于让它到达山顶的能量，那你怎么能期待着它翻过山顶呢？古典物理学只得睁大双眼，认为卢瑟福的实验一定有哪些地方出错了。

但实际上并没有错误，如果非要说谁有错的话，绝不是卢瑟福，而是古典力学本身。我的好朋友伽莫夫博士、格尼博士和康登同时阐明了这一情况。他们指出，只要从现代量子理论视角出发来看这个问题就不会有什么困难了。实际上，我们知道现在的量子物理学驳斥古典理论中非常确定的线性轨迹，而是用幽灵般的、漫射的轨道来取代它们。而且，就像古老城堡里的幽灵能够轻易地穿透厚厚的石墙一样，这些幽灵般的轨迹也可以穿透那些从古典视角看根本无法穿透的势垒。

请不要认为我在开玩笑。势垒被能量不够大的粒子穿透，这是新量子力学的基本方程得出的直接的数学结果，它代表了关于运动的新旧观念间最重要的差别之一。但是，尽管新力学允许这类不寻常的效应的出现，但是却给出了严格的条件限制。在大多数情况下，穿过势垒的机会微乎其微，困在里面的粒子要往墙上撞无数次（你难以置信的次数），才能成功逃出。量子理论为我们提供了计算粒子逃出概率的确切的公式，而且结果显示，我们观察的 α 衰变的周期与理论预期完全相符。

在进一步深入讲解之前，我想给你们展示一些照片，它们展示了被高能“原子炮弹”击中不同原子核的衰变过程。（请给我图板，谢谢！）在这个图上你会看见云室中（我在之前的讲座中给你们描述过）拍的两个不同的衰变过程。上边的这张图显示了一个氮的原子核被 α 粒子击中了，是拍摄到的第一张人为转变元素的照片，它是由卢瑟福的学生布莱克特拍的。你看到了许许多多的 α 轨迹从一个强有力的 α 射线源发射出来。这个射线源在图中没有显示出来。大部分 α 粒子没有经过一次严重的碰撞就进入了我们的视野中，但是其中有一个就成功地击中了氮原子核。那个 α 粒子的轨迹就停在了这里，然后你看见了从碰撞点开始出现了两个轨迹。这根细长的轨迹是从氮原子核中击出的一个质子留下的，那根短粗的轨迹代表的是原子核自身的反冲。然而已经不是氮原子核了，既然已经失去了一个质子，又吸收了入射 α 粒子，它已经转变为氧原子核了。这样，我们用“炼金术”把氮转变成氧，还有一个副产品氢。

右下图对应的是一个人为加速的质子带来的核衰变。一个特殊的高压的机器，即大众所知的“核粒子加速器”，射出一束快速的质子，然后穿过一根长的管道进入了箱子中，最后的状态如图所示。

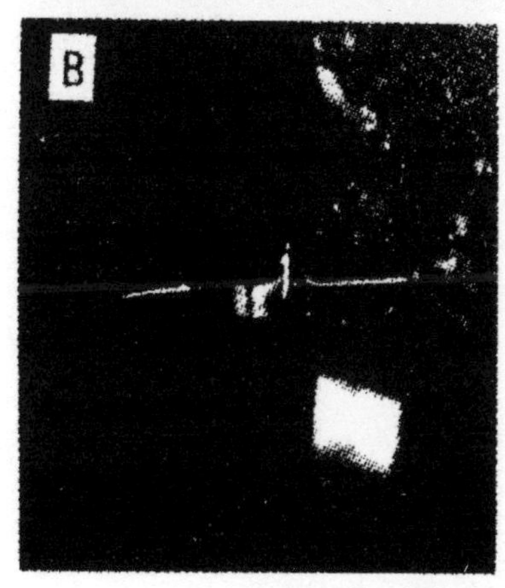


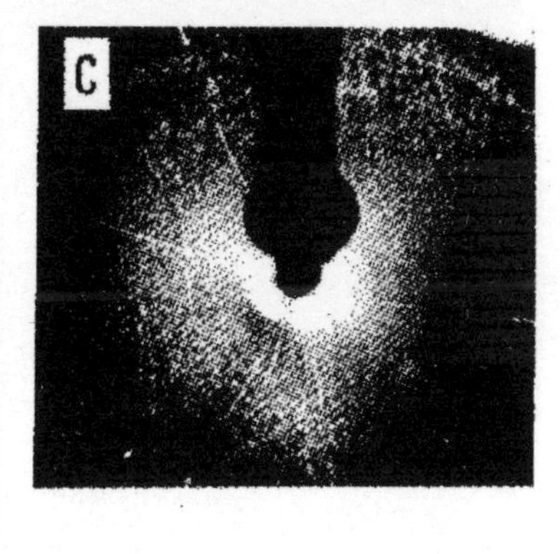


A. 氮被氦撞击后转化成氧和氢

$_7N^{14}+_2He^4 \rightarrow _8O^{17}+_1H^1$

B. 锂被氢撞击后转化成两个氦

$_3Li7+_1H^1 \rightarrow 2_2He^4$

C. 硼被氢撞击后转化成三个氦

$_5B^{11}+_1H^1 \rightarrow 3_2H^4$

在这个实验中，射击的目标是一个薄的硼片，它被放置在管道开口的下方，这样撞击中产生的原子核碎片必定会在箱子中穿过空气，形成云状轨迹。正如你在图中所看到的，硼原子核被一个质子撞击了，碎成了三部分，数一下电荷的平衡，我们得出结论，每一个原子核碎片都是一个 α 粒子，即氦原子核。两张照片中展示的两个转变，是现在实验物理学研究的上百个核转变中相当典型的案例。在所有这类转化中，被称为“置换核反应”，入射粒子（质子、中子或 α 粒子）穿进了原子核，击走了其他粒子，取代了它的位置。我们可以用 α 粒子置换质子，用质子置换 α 粒子，用中子置换质子，等等。在所有这些转化中，反应过程中形成的新元素都是周期表上被轰炸的元素的近邻。

但直到相对最近的时候，其实也就是在“二战”前，德国化学家哈恩和斯特拉斯曼发现了一种完全新兴的原子核变化，一个重原子核分裂成两个相等的部分，释放出极大的能量。在我的下两页（请翻页，谢谢！）你们看到右边的那张图，图中铀原子核的两块碎片从一张很薄的铀箔向相反的方向飞去。这种现象被称为“核裂变反应”，首先是在用一束中子来轰炸铀原子核的实验中发现的。但很快人们就会发现，靠近周期表末尾的其他元素也具有相似的特性。确实，看上去这些重原子核已经处在它们稳定性的边缘了，哪怕是中子碰撞这种最小的刺激，也足以将它们一分为二，就像是一滴太大的水银分成小小的部分。重原子的不稳定性这一事实让人们明白了为什么自然界中只有

92个元素。事实上，任何一种比铀更重的元素在任何时候都不会存在，它们会立刻分裂成小的碎片。从实用意义上来看，“核裂变现象”也非常有意思。因为它创造了利用核能的可能性。问题是，当分裂的时候，它同时也会发射出许多中子，这些中子可能会造成临近的原子核的裂变。这可能会导致爆炸反应，储存在原子核内部的能量在几分之一秒中全部释放出来。如果你们记得，一磅铀原子的原子核内蕴含的能量相当于十吨煤炭蕴含的能量，你就会理解为什么说核能释放的可能性会对我们的经济产生重要的影响。

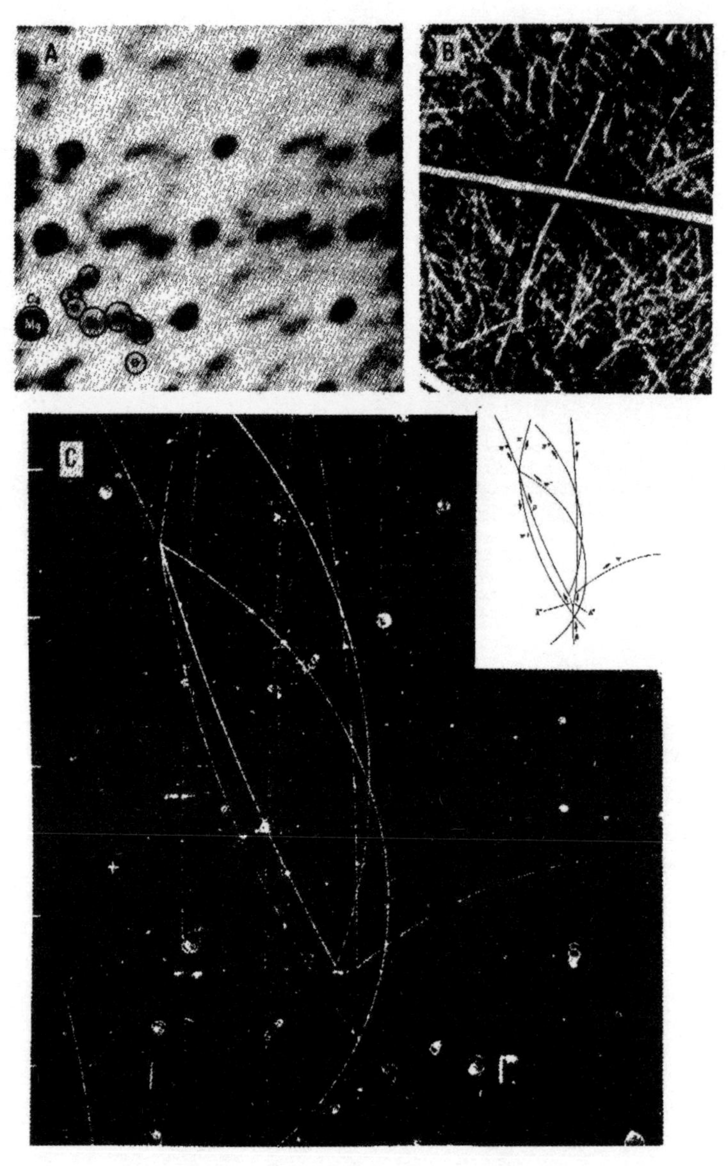


A. 布拉格拍摄的透辉石晶体中的原子。角落的圆圈代表着碳原子、镁原子、硅原子和氧原子放大倍率为1亿倍

B. 铀原子核被击中后两个分裂的部分朝相反的方向飞去

C. 中性λ和反λ超子的产生和衰变

然而，尽管所有这些核反应让我们了解了原子核内部结构相关的丰富的信息，但是这些反应只能在很小的规模中发生，直到最近，似乎才有核能量可以得到大量释放的希望。1939 年，德国化学家哈恩和斯特拉斯曼，发现了一种完全新兴的原子核变化，一个重原子核分裂成两个相等的部分，释放出极大的能量，同时也射出两到三个中子，这些中子反过来会撞击其他铀原子核，然后将它们一分为二，释放出更多的能量和中子。这种链式裂变过程可能会导致大爆炸，或者如果能控制好，就能提供用之不竭的能量。很荣幸我们邀请到了泰勒博士来到现场，他从事原子弹研发工作，被人们称为“氢弹之父”，博士百忙之中抽出时间来给我们简单讲一讲核弹。他几分钟前已经到了，当教授在讲这些话的时候，报告厅的门打开了，走进了一位仪表堂堂的男人，目光如炬，浓黑的眉毛高高挑起。与教授握手之后转向了观众。

“……”他开始讲了起来，“…… 噢！抱歉！”他大呼，“有的时候我会混淆自己要用什么语言。允许我重新开始。女士们、先生们!我很忙，所以我长话短说。今天上午我在五角大楼和白宫参加了好几场会议，下午我又在内华达州出席了一场地下爆炸实验，晚上我又要去加州范登堡空军基地给晚宴致辞。

“重点在于原子核是受到两个力的相互制衡的，分别是将原子核聚成一团的内聚力，以及质子间的静电斥力。在像铀或者钚这样的重原子核里，斥力占据上风，原子核已经濒临瓦解，只要有最轻微的刺激就能一分为二。这种刺激只要有一个中子来撞击原子核就能得到了。”

他转向黑板，继续说道："这里你会看见一个可裂变的原子核，有一个中子正在撞击它。两个分裂的碎片飞离彼此，每个都携带着约一百万电子伏特的能量，同时一些新分类开来的中子也射出来了，轻铀同位素中大约两个，钚中大约三个。然后撞！撞！正如我在黑板上画的，它们引起了连锁反应。如果可裂变材料很小，大多数的裂变中子在它们有机会撞击到其他可裂变原子核之前就会穿过原子核表面逸出，那么链式反应就永远不会开始。但是，当材料大于我们所说的临界质量，大多数中子被困住了，那么整个材料就会爆炸。这就是我们所说的裂变炸弹，这常常被人们错误地认为是原子弹。

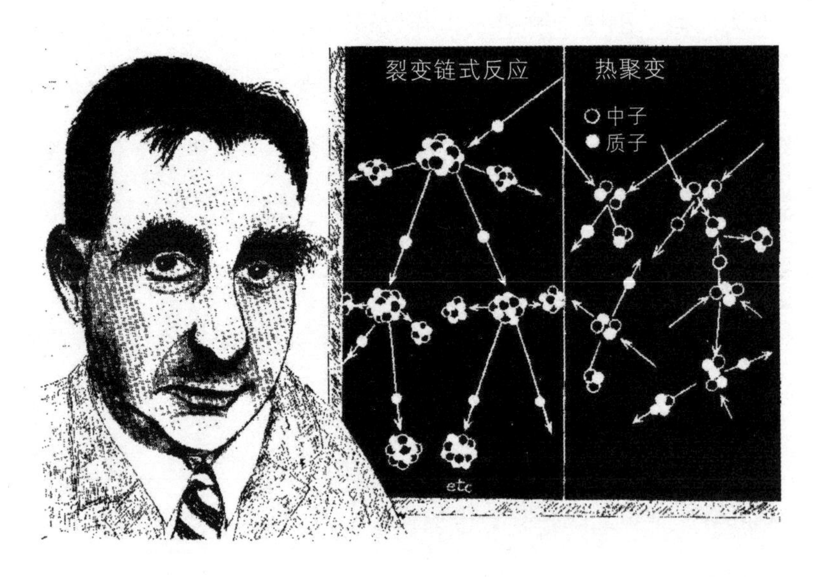


尽管名字听上去差不多，但是裂变和聚变是两个完全不同的过程

“但是如果用周期表另外一端的元素进行反应，结果会好很多。那些元素的内聚力比斥力强很多。当两个轻原子核碰到一起，它们会融合在一起，就像是托盘上的两滴水银。这个反应只能在极高温的情况下发生，因为相互靠近的轻原子核由于静电斥力的作用会有一定的距离。但当温度达到一千万度的时候，斥力已经不再能阻碍接触了，于是融合过程就开始了。最适合核聚变的原子核是氘核，即重氢原子核。右边这里是氘的热核反应示意图。我们一想到氢弹，就认为这对世界来说是件幸事，因为它不会产生扩散到地球大气层的辐射裂变物质。但是我们没有能力去造一个‘纯’氢弹，氘是最好的核燃料，可以从海水中提取，但是自己却不太能很好地燃烧。于是我们就在氘材料周围包一层重铀的壳，这些壳会产生大量的裂变碎片，所以有些人会称它们为‘脏’氢弹。在设计控制氘热核反应的过程中也遇到了相似的困难。我们竭力研究，却依然没能制造出‘纯’氢弹。但我相信这个问题很快就可以被解决。”

“泰勒博士，”观众中有一个人问道，“核试验中那些裂变物质怎么处理呢？它们会导致整个地球的人口有害的变异。”

“不是所有的变异都是有害的，”泰勒教授说，“其中一小部分会推进后代的进化。如果生命体没有变异，你和我现在依旧是阿米巴虫。你不知道生命的进化完全是由于自然变异与适者生存吗？”

“你的意思是，”观众中有一位女士歇斯底里地喊道，“我们要生一堆孩子，然后选择其中最好的几个，再把其他的都毁掉？！”

“好吧，这位女士——”泰勒博士刚开口准备说，这时报告厅的门开了，进来一位穿着飞行服的人。

“先生，请快一点！”他大声喊道，“您的直升机已经停在出口了，如果我们现在不马上出发，你就会错过机场上的喷气式客机的。”

“抱歉，”泰勒博士对观众说，“我必须得走了。真该死！”然后他们两人冲了出去。

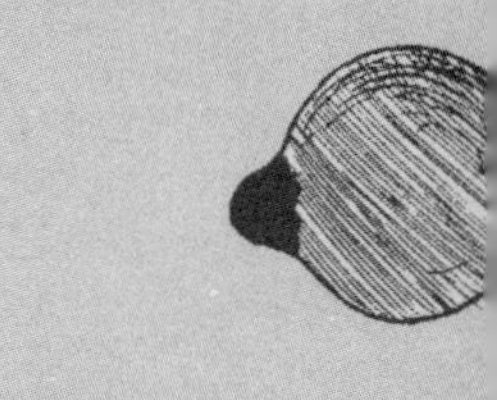

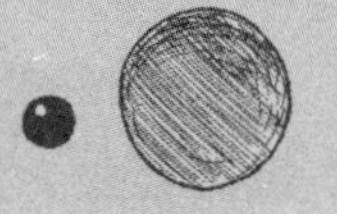

# 第13章 木雕师

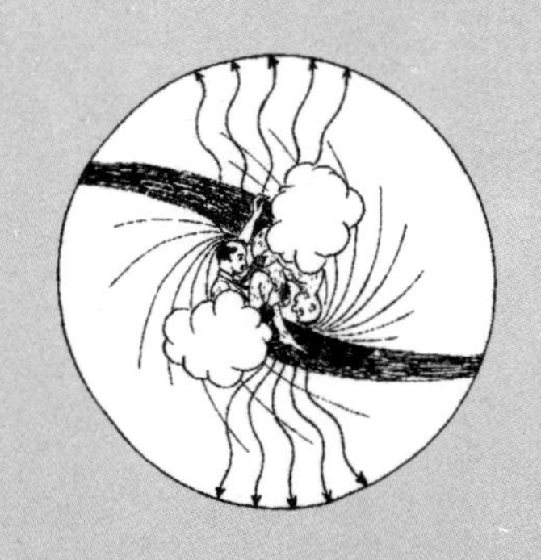

眼前有一扇又大又笨重的门，门正中间有一个醒目的标志：禁止进入——内有高压。不过这不好客的初印象很快被门垫上写着的大大的一个“欢迎”冲淡了。犹豫了一分钟之后，汤普金斯先生按响了门铃。年轻的助手开门请他进屋。汤普金斯先生发现身处的这间屋子很大，但其中一台看上去就非常复杂而且奇妙的机器就占据了大半部分空间。

“这是我们的粒子回旋加速器，或者说是‘核粒子加速器’，人们在报纸上都这么叫。”助手向汤普金斯先生解释道，伸出手友爱地摸一摸巨型电磁体的线圈，电磁体是这个令人印象深刻的现代物理工具最主要的部分。

这是我们的粒子回旋加速器，或者说是“核粒子加速器”。

“它将能量升到一千万电子伏特从而制造粒子，”助手自豪地继续说道，“没有多少原子核能承受得了携带着如此巨大能量的炮弹攻击的！”

“好，”汤普金斯先生说，“这些原子核一定非常坚硬！想象一下，只是为了要击碎微小原子里面微小的原子核，就要造这么一个庞然大物。那么这台机器到底怎么运行呢？”

“你有没有去过马戏团？”他的岳父从粒子回旋加速器庞大的身躯背后探出身子，问道。

“呃……去过，当然去过，”汤普金斯先生回答，对于这个突如其来的问题他感到相当地尴尬，“您的意思是想要我今晚陪您一起去马戏团吗？”

“当然不是，”教授笑着说，“不过你要是去过就更容易理解粒子回旋加速器怎么工作的了。你往这个大磁铁两极的中间看，你会注意到有一个圆形的铜盒子，就充当马戏团圆形场地的角色。在这个铜盒子里，原子核轰炸实验所要用到的各种带电荷的粒子进行加速。在这个盒子的中心，有一个源，负责生产带电粒子或者离子。当它们刚出来的时候，速度非常慢，然后强磁场把它们的运动轨迹扭弯，变成围绕着中心的一个小小的圆圈。接着我们开始抽打它们，使它们的速度越来越快。”

“我知道你是如何抽打马匹的，”汤普金斯先生说，“但是我完全不知道你也可以同样抽打这些微小的粒子。”

“话虽如此，其实非常简单。如果一个粒子以圆圈的轨迹运动，我们所要做的就是在它每次经过轨迹上的某个既定的点的时候给它施加一系列的连续不断的电击，就像马戏团驯兽师站在圆形场地边缘，在马每次经过的时候都抽它一下。”

“但是驯兽师能看见马，”汤普金斯先生反驳，“你能看见粒子在这个铜盒子里旋转然后在恰当的时间里给它一击吗？”

“我当然看不见，”教授同意他的说法，“但这不是必需的。这个粒子回旋加速器设置的诀窍就在于，尽管加速的粒子总是运动得越来越快，但它总是在一样的时间段内完成一轮运动。关键在于，你知道的，随着粒子速度的增加，它的轨迹半径、轨迹总长度也都会成比例地增加。因此，它的运动轨迹越来越外旋，在规律的时间间隔里总是会来到‘圆形场地’的同一个点。我们所要做的就是在那里放上某个电动装置，然后在规律的时间间隔里电击，就和你在任何一个广播站里看到的那种装置很相似。这里每一次电击都不会很强烈，但它们累积的效应将粒子加速到极高的速度。这是这个装置最大的优点，它施加在粒子上的总效应与上百万伏特的效应相当，尽管目前在物理系统里还没有如此的高压真实存在。”

“确实设计得非常精巧，”汤普金斯先生若有所思，“这是谁的发明？”

“加利福尼亚大学的欧内斯特·劳伦斯几年前首次发明，”教授回答，“此后粒子回旋加速器的尺寸越来越大，各个物理实验室几乎一夜之间都配备了，传播速度堪比谣言。它们似乎真的要比老的设备方便很多，以前都是用级间变压或者是基于静电原理发明的机器。”

“但是真的没有人能够不用所有这些复杂的装置就能打破原子核的吗？”汤普金斯先生问道，他是极简主义的崇尚者，对任何比锤子要复杂的器械都不是很信任。

“当然有人可以。实际上当卢瑟福第一次做关于元素的人工嬗变实验的时候，他就用了自然的放射性物质射出来的普通的 α 粒子。但这是二十多年前了，你知道的，在此之后原子撞击技术取得了相当大的进步。”

“那您可以向我展示一下一个原子究竟是怎么被击碎的吗？”汤普金斯先生问道，他总是更愿意自己亲眼看见，而不是听别人冗长的解释。

“非常乐意，”教授说，“我们刚刚开始一项实验。我们正在对快速质子作用下硼的衰变反应进行进一步深入的研究。质子足够坚硬，质子炮弹能够击穿原子核势垒进到原子核里面去，所以当质子撞击到硼原子核的时候，原子核就碎裂成三个相等的碎片，朝不同的方向飞去。整个过程我们可以通过‘云室’来直接观察到。‘云室’让我们能看见撞击过程中所有参与的粒子的活动轨迹。有这样一个室，中间放着一片硼，现在安装在加速器的开口处，我们一旦开启了粒子回旋加速器，你就会亲眼看见原子核破碎的过程。”

“我在努力调整磁场的时候，”教授转向助手，说道，“能麻烦你打开电流开关吗？”

粒子加速回旋器要过一段时间才开始工作，汤普金斯先生一个人在实验室里闲逛。他的注意力被一个复杂的大型放大器电子管系统吸引住了。这些电子管闪烁着暗淡的淡蓝色的光。他没有意识到现在粒子回旋加速器所用的电压正在上升，虽然没有高到可以击碎一个原子核，但是很容易就电倒一头公牛，他把身子往前倾想要更近距离地观察它们。

突然啪的一声响，就像驯狮师抽打鞭子的声音一样，汤普金斯先生感觉一阵可怕的战栗传遍了全身。下一秒眼前的一切都变黑了，他失去了意识。

当他再次睁开眼睛的时候，发现自己趴在地板上，刚刚触电了就倒在那里。他所在的屋子似乎还是一样的，但是里面所有的物品都变了。没有高大的粒子回旋加速器磁铁、闪闪发光的铜线，也没有装在每个可能的点上的许多复杂的电力小装置。取而代之的是一张长的木制工作台，上面铺着简单的木匠工具。在贴在墙边的老式橱柜上面，他注意到了有许许多多各色各样的木雕，它们的形状千奇百怪，不同寻常。有一个看起来很友好的老头正在桌子边工作，仔细看他的外貌特征以后，汤普金斯先生惊讶地发现他与迪士尼匹诺曹里面的泽佩托老头长得非常相像，又很像教授实验室墙上挂着的已故的卢瑟福的肖像。

“很抱歉，打扰您，”汤普金斯先生从地上爬起来，开口说道，“我刚刚在参观原子核实验室，但是有一些奇怪的事情发生了。”

“噢！你对原子核有兴趣！”老头开心地说，把他正在刻的那块木头放到一边，“那你来对地方了。我在这里制作了所有种类的原子核，很乐意带你逛一逛我的小工作室。”

“你说你制作了它们？”汤普金斯先生目瞪口呆。

“是的，当然是我制作的。自然，是需要一些技巧的，尤其是做放射性原子核的时候，它们在你给它们上色之前就可能会分裂开了。”

“上色？”

“是的，我把带正电的粒子涂上红色，带负电的涂上绿色。现在你可能知道红色和绿色是所谓的‘补色’，如果这两种颜色混在一起，它们就会相互抵消了[①]。这对应了正负电荷的相互抵消。如果原子核是由相等数量的来回快速运动的正负电荷组成，那么它的电性就是中性，在你看来它就是白色。如果正电荷多或者负电荷多，整个原子核系统就会被涂成红色或者绿色。很简单，是不是？”

---

① 读者必须记住，这里所说的颜色的混合抵消只适用于光线，而不适用于绘画本身。如果我们简单地把红色和绿色颜料混合在一起，只会得到一个脏兮兮的颜色。另外，如果我们将一个玩具顶端的一半涂成红色，另一半涂成绿色，然后快速转动它，它看起来就是白色的。

79 Au
[Gold]
197.2
80 Hg
200.6
87 ?
88 Ra
226

“现在呢，”老头继续说，向汤普金斯先生展示了桌子旁边放着的两个大木箱，“这里就是我存放制作各种各样原子核的材料的地方。第一个箱子里面是质子，就是这些红球。它们很稳定，永远保持红色。除非你用刀或者是其他什么东西刮它，否则不会掉色。我更担心的是所说的中子，在第二个箱子里，它们正常是白色的，或者说是电中性的，但是很容易变成红色的质子。只要盒子盖得紧紧的，一切都正常，但一旦你把一个中子取出来，你就等着看会发生什么吧。”

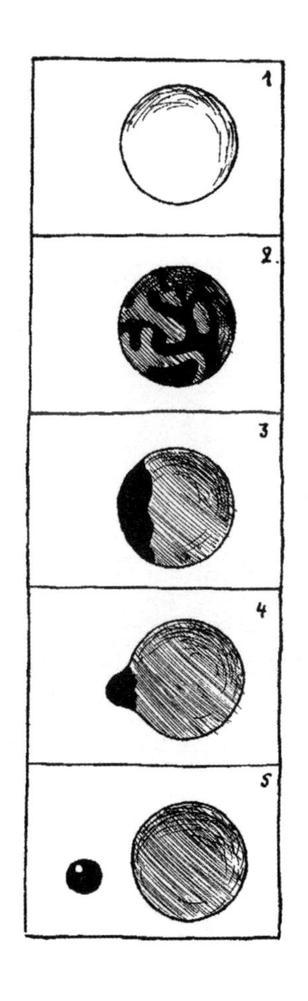

木雕师老头打开箱子，取出一个白球把它放在桌子上。过了一会儿，什么事也没有发生。但就当汤普金斯先生快失去耐心的时候，那个球突然活了过来。它的表面呈现出不规则的红色、绿色条纹，很快球就变得像是一个孩子们喜欢的涂着颜色的弹珠。然后绿色变得集中在球的一侧，最后完全和球分离开，形成了一滴闪耀的绿色颜料，滴落在地板上。那个球现在完全变成了红色，与第一个箱子里涂上红色的质子没有任何差别。

"你看见发生了什么吧，"老头说道，他将那滴绿色颜料从地板上捡起来，现在它变得又硬又圆，"中子的白色分解成红色和绿色，这样整个球就分裂成两个独立的粒子，即一个质子和另一个带负电的电子。"

"是的，"他看到汤普金斯先生脸上惊讶的表情，补充说，"这个翡翠色的粒子不是别的，就是普通的电子，就如同任何一个原子里的或者其他任何地方的电子一样。"

"天哪！"汤普金斯先生惊呼，"这比我看过的任何一个变色手帕戏法厉害多啦。不过你可以把颜色再变回去吗？"

"可以的，我要把绿色颜料再揉回红球表面，然后球就变白了，不过当然这个过程需要一些能量。还有一种方法，就是把红颜料刮掉，这同样也需要一些能量。然后从质子表面刮下来的颜料会形成一滴红色颜料，这就是带正电的电子，你可能之前听说过的。"

"好漂亮！"汤普金斯先生感叹，"所以这是金原子！"

"还不是一个原子，只是原子核，"木雕师纠正他的说法，"要完成一个原子，你必须加入适当数量的电子来中和原子核的正电荷，然后还要在周围做上惯例的电子壳。不过那很简单，只要原子核周围有电子，它本身就会看着这些电子不让它们逸出。”

“真有趣，”汤普金斯先生说，“我岳父从来没有提到过人们能够这么简单地就制作出来金子。”

“噢，你那岳父还有那些所谓的原子核物理学家！”老头声音里带着一些愤怒的感觉吼道，“他们表面的样子装得很好，但实际能做到的却很少。他们说他们不能将分离的质子压缩进一个复杂的原子核里，是因为他们不能施加足够强的压力。他们中甚至还有人说要将质子贴合到一起需要整个月亮的重量。好吧，如果这真的是他们唯一的问题了，他们怎么不到月亮上去？”

“但他们依旧制造出了一些原子核嬗变。”汤普金斯先生谦卑地评论道。

“是的，他们是做出来了，但是很笨拙，范围也很有限。他们得到的新元素的数量太少了，以至于他们自己都几乎看不到它们。我来让你看看他们是怎么做的。”于是，他拿起一个质子，用相当大的力量将它朝桌子上的金原子扔去。在靠近原子核外围的时候，质子速度下降了一点，犹豫了一会儿，然后一头钻了进去。在吞了质子之后，原子核像发高烧般地打了一会儿寒战，然后分裂出一小部分出来。

“你看，”他捡起那个碎片，说道，“这就是他们所说的 α 粒子，如果你凑近它观察，你就会注意到它是由两个质子和两个中子组成的。这样的粒子通常会从被称为放射性物质的重原子核中射出来，但是撞击力够强，人们也能从普通的稳定的原子核内部把它撞出来。我必须让你注意到一个事实，那就是现在桌子上这个大一点的碎块不再是金原子核了，它失去了一个正电荷，现在是一个铂原子核，在元素周期表中是金元素前面的一个。然而在一些情况下，进入原子核内的质子不会让原子核分裂成两部分，那么结果就是你会得到周期表上金元素之后的一个，即汞原子核。将这些过程和类似的过程结合到一起，人们就真的可以将任意一种指定的元素转化成另外一种了。”

“噢，现在我明白他们为什么用粒子回旋加速器制造出来高速质子束了，”汤普金斯先生开始理解了，说道，“但为什么你说这个方法不够好？”“因为它的有效性实在太差了。第一，它们不能像我一样准确射出炮弹，于是几千发当中只有一发可以击中原子核。第二，即使是直接击中的情况下，炮弹很可能穿不进原子核的内部，而是被原子核弹回去了。你可能已经注意到了，当我朝金原子核扔质子的时候，质子在进去之前犹豫了一会儿，当时我考虑了一下，它是不是要被弹回来。”

“原子核用什么阻止质子的进入？”汤普金斯先生来了兴趣，问老头。

“你可以自己猜一猜，”老头说，“如果你还记得原子核和质子炮弹都带有正电荷就好了。电荷间的斥力形成了一种屏障，很难去穿透。如果质子炮弹成功地穿透了原子核堡垒，那只有因为它们使用了类似于特洛伊木马一样的障眼法，它们不是作为粒子而是作为波通过原子核的核壁的。”

“好吧，你难住我了，”汤普金斯先生难过地说，“你说的话我一个字都不能理解。”

“我是担心你不能理解，”木雕师微笑着安慰道，“告诉你实话吧，我本身是个工匠。我可以用双手来做东西，但是理论方面的东西实在不是我的强项。不过重点是，只要所有这些原子核粒子是由量子材料制成的，它们总是能够穿过或者飞过，那些一般认为是无法穿过的障碍物。”

“噢！我明白你的意思了！”汤普金斯先生兴奋地喊了起来，“我记得之前有一次啊，在遇到茉德前不久，我去了一个奇怪的地方，那儿的台球跟你刚刚描述的一模一样。”

“台球？你是说真的象牙做的台球吗？”木雕师急切地重复道。

“是的，我知道它们是由量子大象的长牙做的。”汤普金斯先生说。

“好吧，这就是人生啊，”老头伤感了起来，“他们为了游戏竟然用了如此昂贵的材料，而我只能用普通的量子橡木来雕刻质子和中子，这两个全宇宙最基础的粒子。”

“但是，”他继续说，试图隐藏自己的失望，“我可怜的木雕模型和那些昂贵的象牙制品一样棒。待会儿我要给你展示它们是多么利索地跨过任何一种障碍的。”然后他爬上了长椅，从橱柜的最上面拿下来一个造型非常奇怪的木雕，看上去就像是火山模型。“你看到的这个，”他轻轻地掸了掸灰尘，继续说，“它是任何一个原子核周围的静电斥力势垒模型。外围的斜坡对应的是电荷间的静电斥力，那个火山口对应的是将原子核粒子聚集在一起的内聚力。如果现在我从斜坡上弹去，但是所用的力不足以让它越过山顶，自然而然地，你预料它会又滚回来。但你看看实际上会发生什么……”然后他轻轻地弹了一下球。

“可是，我没有看到什么不正常的现象。”汤普金斯先生说。只见球升到斜坡的一半以后，又滚回到桌子上。

“稍等，”木雕师小声地说，“你不应该在第一次实验中就期待看见。”然后他再一次把球弹上斜坡。这次又失败了，但是第三次尝试中，就当球接近斜坡的一半的时候，它突然消失了。

“好，你猜猜球到哪里去了？”木雕师带着魔术师的胜利姿态问道。

“你的意思是说它现在已经在火山口里了？”汤普金斯先生问。

“是的，它就在里面。”老头说着，用手指把球夹了出来。

“现在，让我们反过来做一做，”他提议，“看一看球出火山口需不需要越过山顶。”于是他将球扔进了洞中。

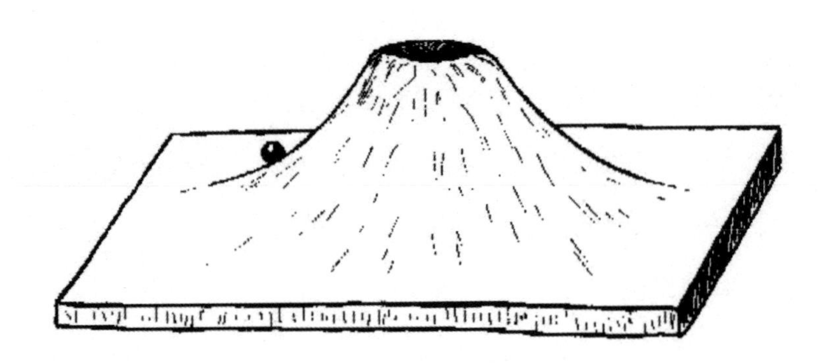

过了一会儿，什么也没有发生。汤普金斯先生只听见球在火山口里来回滚动发出的细微声响。然后，球奇迹般的突然出现在外围斜坡当中，然后悄悄地滚到了桌子上。

“你看到的这两个现象非常棒地还原了放射性 α 物质的衰变过程，”木雕师说着，将模型放回了原来的地方，“只不过在真实情况中，不是普通的量子橡木做的障碍物，而是静电斥力势垒。不过从原理上来讲两者没有任何区别。有时这些静电势垒很‘透明’，粒子不要一秒就可以逸出；而有的时候它们又是如此‘不透明’，粒子逸出可能需要好几百万年时间，例子就是铀原子核。”

“但为什么不是所有的原子核都有放射性呢？”汤普金斯先生问。

“因为在大多数原子核中，那个火山口的底部低于外面的水平面，而只有在重原子核中，洞口底部才会高到使粒子逸出得以发生。”

汤普金斯先生在工作室里和这位和蔼的老木雕师一起待了多久，这很难讲。老木雕师总是很渴望把自己的学识讲给来到工作室里的人听。汤普金斯先生又看到了其他一些超乎寻常的东西，最神奇的是一个精美的小盒子，它小心翼翼地合着，但很明显里面是空的。盒子上面有标签，写道：“中子，请轻拿轻放，不要打开。”

“这个盒子里有东西吗？”汤普金斯先生在耳边晃了晃，问道。

“我不知道，”木雕师说，“有人说有，有人说没有。不过你也看不见。这个精美的小盒子是我的一个哲学家朋友送的，但是我确实不太知道能拿它做什么，最好还是把它放一边不管吧。”

汤普金斯先生继续在工作室里东看看、西瞧瞧，又发现了一把落了灰的旧小提琴，它看上去太陈旧了，一定是由斯特拉迪瓦里的爷爷制作的。

“你拉小提琴？”他转向木雕师，问道。

“只会拉伽马射线的曲子，”老头回答，“这是把量子小提琴，其他什么都奏不出来。我曾经有一把量子大提琴，只会拉出光学曲子，但有个人借走了再也没有还回来。”

“好呀，给我拉个伽马射线的曲子吧，”汤普金斯先生恳求他，“我之前从来没听过。”

“我给你拉一首《升C大调原子核曲》吧，”木雕师说着，拿起小提琴搁在肩膀上，“不过你要准备好，它是个悲伤的曲子。”

这音乐的曲调很奇怪，跟汤普金斯先生之前听过的完全不一样。曲调很稳，好像是海浪冲刷沙滩的声响，时不时中间还穿插着尖锐刺耳的声音，让他想起子弹的呼啸。汤普金斯先生并不是很懂音乐，但是这首曲子却对他产生了怪异而强有力的影响。他舒舒服服地在一把老式扶手椅上伸了个懒腰，睁开了眼睛……

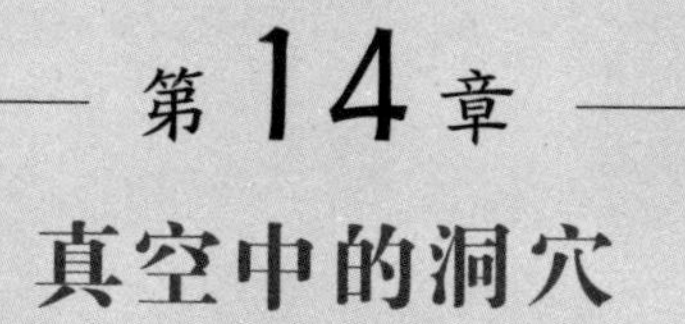

# 第14章 真空中的洞穴

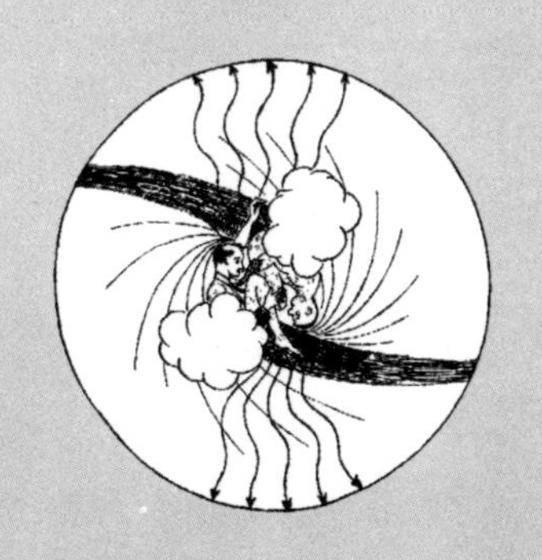

▼
▽

女士们、先生们：

今晚，希望您特别注意我要讲的内容，因为我们要讨论的问题既困难又引人入胜。我将讲到一种新的电子——“正电子”，它具有许多不可思议的特性。我们应该留意的是，这种新粒子早在其被探测到的好几年前，就已经有人用纯粹的理论推测加以预言了。另外，由于人们已从理论上预见到它的一些主要性质，这对于从实验上发现它也有巨大的帮助。

做出这一伟大预测的人是英国物理学家保罗·狄拉克，您已经听说过他的名字。他基于理论推断得出的结论过于怪异和惊奇，以至于大多数物理学家都在很长一段时间内拒绝相信。狄拉克理论的基本思想可以用这样一句简单的话来表达：“在真空处应该有孔。”我知道你很惊讶，而所有物理学家的反应和你们一样。在真空处怎么可能有孔？这有意义吗？是的，如果有人推测所谓的真空实际上并不像我们认为的那么空，这就有可能。而且，事实上，狄拉克理论的要点在于所谓的真空空间实际上是由无限数量的普通负电子以非常规则和统一的方式堆积在一起的。不用说，这种古老的假设并没有得出狄拉克纯粹是在幻想的结论， 但他或多或少地被迫这么做，出于许多有关普通负电子理论的考虑。实际上，该理论不可避免地得出这样一个结论，即除了原子运动的量子态外，还有无限个特殊的“负量子态”属于纯真空，除非有人阻止电子进入这些“更舒适的”运动态，否则，它们都将放弃自己的原子，并且可以说将被溶解为空白空间。此外，防止电子随心所欲运动的唯一途径，就是让这个特定的点被其他电子所“占据”，它必须在真空中具有所有这些量子态，而真空被均匀分布的无限电子所充满。

恐怕我的话听起来像是某种科学咒语，让您毫无头绪。但是这个话题确实非常难，我只希望如果您继续专心地听，最终能够理解一些关于狄拉克理论的本质。

不管怎样，狄拉克最后得出了这样的结论：真空中充满了电子，以均匀但无限高的密度分布。我们怎么会根本不注意它们，而将真空视为一个空无一物的空间？

如果您将自己想象成一条悬浮在海洋中的深水鱼，可能就会明白这个答案。这条鱼即使聪明到足以提出这样一个问题，会意识到它正被水所包围吗？

这些话使汤普金斯先生从课堂刚开始的瞌睡中清醒了过来。他有点像渔夫，感到微风轻拂海面，碧涛起起伏伏。虽然他游泳还不错，却无法停留在海面上，并开始向深处沉下去。奇怪的是，他没有空气不足的感觉，而是感到很舒服。他想，也许这是特殊隐性突变的结果。

根据古生物学家的说法，生命起源于海洋，最早走向干旱陆地的先驱是所谓的肺鱼，它爬到海滩上，靠鳍行走。根据生物学家的说法，这第一批肺鱼在澳大利亚被称为澳洲肺鱼，在非洲被称为原鳍鱼，在南美被称为南美肺鱼。它们逐渐演变成陆生动物，就像老鼠、猫和人。但是其中一些如鲸鱼和海豚，在发现陆地生活中的困难后，又回到了海洋。在水里，它们保留了在陆地斗争过程中获得的品质，并仍然是哺乳动物。雌性在体内怀胎，而不是只甩出鱼子，再由雄性授精。匈牙利著名科学家西拉德不是说过海豚比人类更聪明吗？

狄拉克正在与海豚专心对话

他的思想被海洋深处的某段谈话打断了，在说话的是一只海豚和一个典型的智人。汤普金斯先生曾在照片上见过这个人，他是剑桥大学的物理学家狄拉克。

“听着，保罗，”海豚说，“你认为我们不在真空中，而是在由负质量粒子形成的介质中。我认为水和真空没有任何差别，它很均匀，我可以在各个方向上任意游动。但我从我的祖祖祖先那里听到一个传说，就是陆地与水里非常不同。那里有很多高山和峡谷，必须费很大力气越过它们。而在水里，我可以自由自在地游动。”

狄拉克回答："我的朋友，在海水里你是正确的。水在身体表面产生摩擦，如果不移动尾巴和鳍，将完全无法移动。另外，因为水压会随着深度变化，你可以通过扩大或收缩身体来向上浮动或向下沉。但是，如果水没有摩擦并且没有压力梯度，那么你会像火箭燃料用完的宇航员一样无奈。我的海洋是由带负质量的电子形成的，完全没有摩擦，因此不可观察。只有缺少一个电子的情况才能用物理仪器观察，因为缺了一个负电荷等效于多了一个正电荷，甚至库仑也可以注意到它。

"在比较我的电子海洋和普通海洋时，我们必须注意到一个重要的例外，才不至于过度延伸这个类比关系。关键在于，既然形成我的海洋电子必须遵守泡利原理，当所有可能的量子能级都被占满的时候，就无法再往海里添加哪怕一个电子了。这样就会有一个多余的电子停留在我的海洋表面上，很容易通过实验识别出来。电子最早是由汤普森发现的，不管是围绕原子核盘旋的电子，还是通过真空管飞行的电子，都是这种多余的电子。直到我在1930年发表了第一篇论文之前，我们之外的空间一直被认为是空无一物的。人们认为，物理现实仅属于偶尔飞溅到零能量表面之上的水花。"

"但是，"海豚说，"如果由于海洋的连续性和无摩擦而无法观察到你的海洋，那谈论它又有什么意义呢？"

狄拉克说："假设某些外力将其中一个带负质量的电子从海洋的深处举起到海平面以上，在这种情况下，可观察到的电子数就增加了一个，这被认为是违反守恒定律的。不过，由于这个电子的离开，海洋中现在形成了一个可观察到的空洞。因为在均匀的分布中缺少一个负电荷将被视为存在等量的正电荷。这个带正电的粒子也将具有正质量，并且将沿着与重力相同的方向移动。”

“你是说它会漂浮而不是下沉？”海豚惊喜地问道。

“当然，我确定你已经看到过许多物体被重力拉到海底，比如从船上扔下来的东西，有时候甚至是船本身。但请看这里！”他打断自己说道，“看见这些升到水面的小银色物体了吗？它们的运动是由引力造成的，但却朝相反的方向移动。”

“但那只是气泡，”海豚反驳说，“他们可能逃脱了某些含有空气的东西，这些东西已经翻转或破裂，撞到了海底的岩石上。”

“正是，但你不会看到气泡在真空中飘浮。 因此，我的海洋并非空无一物。”

“非常聪明的理论，”海豚说，“但这是真的吗？”狄拉克说：“当我在 1930 年提出这个理论时，没人相信。这在很大程度上是我自己的错误，因为我最初认为这些带正电的粒子无非是质子，这是实验家众所周知的。当然，你知道质子比电子重 1840 倍，但我希望通过一些数学方法解释在给定力的作用下增加的阻力和速度，并从理论上得出 1840 这个数字。但我没有成功，而且我海洋中的气泡的物质质量将变得与普通电子的质量完全相同。我的同事泡利，我必须说他是一个很有幽默感的人，四处宣称他所谓的“泡利第二定律”。他计算得出，如果一个普通电子接近从我的海洋中移出电子而产生的孔，它将在极短的时间内将其填满。因此，如果一个氢原子的质子真的是一个“孔”，它会被围绕它旋转的普通电子瞬间填充，并且两个粒子都会在一道闪光中消失，准确地说，是伽马射线的闪光。当然，所有其他元素的原子也会发生同样的情况。现在，如果第二保利定律要求物理学家提出的任何理论必须用于自己的血肉之躯，我在有机会将自己的想法告诉别人之前就被毁灭了。就像这样！”说着狄拉克消失在一道炫目的闪光中。

“先生，”一个怒气冲冲的声音在汤普金斯先生的耳边响起，“你有权在课堂上打瞌睡，但你不应该打鼾，我根本听不到教授在说什么。”

然后，汤普金斯先生睁开眼睛，再次看到了拥挤的教室和老教授，他继续讲道：

现在，当行进的空穴遇到正在狄拉克海洋中寻找舒适地方的多余电子时，让我们看看会发生什么。显然，这种相遇的结果是，多余的电子将不可避免地掉入空穴并将之填充，而观察该过程的物理学家在惊讶之余将把这个现象叫作正负电子的相互湮灭。这个过程释放出的能量将会以短波辐射的形式发出，代表着两个电子相互吞噬后仅剩的部分，就像著名儿童故事中的两只狼一样。

但也可以想象一个反向过程，即一对负电子和正电子是通过强大的外部辐射“从无到有”产生的。从狄拉克的理论来看，这样的过程只是简单地从连续分布中剔除一个电子，实际上不应该被认为是一种“创造”，而是两个相反电荷的分离。在我现在展示的图中，这两个电子“创造”和“湮灭”的过程以非常粗糙的示意图表示出来，可以看出此事没有任何神秘之处。我必须补充的是，尽管严格来说，正负电子对的产生可能会在绝对真空中进行，其可能性也极小；你可能会说真空中的电子分布过于平滑，无法打破。另外，在重粒子的存在下，它们充当了伽马射线深入电子分布的支撑点，正负电子对产生的可能性大大提高，并且很容易观察到。

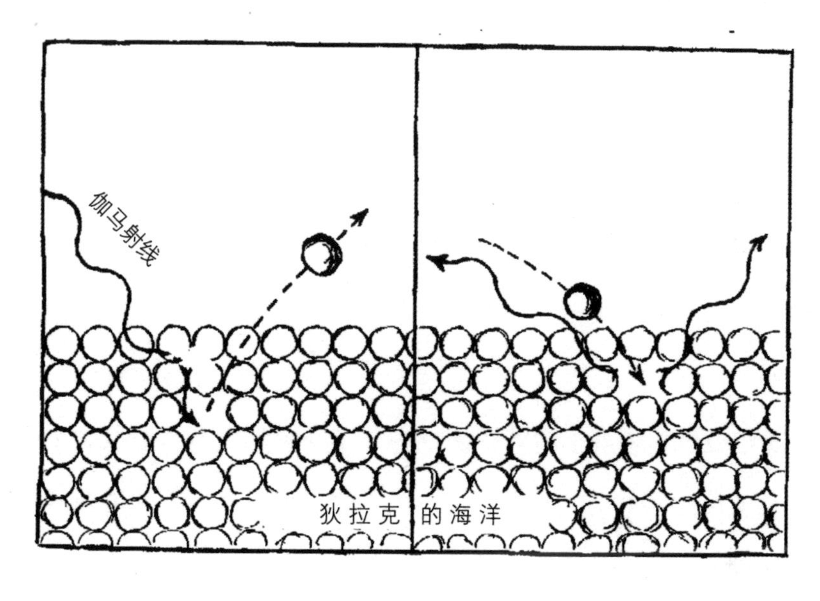


左：电子对产生　　右：电子对湮灭

但是很明显，以上述方式创建的正电子将不会存在太久，很快就会在与一个负电子的相遇中被湮灭，而负电子在我们宇宙的一角拥有巨大的数量优势。这个事实使我们相对较晚地发现了这些有趣的粒子。实际上，关于正电子的第一份报告仅在 1932 年 8 月写出（狄拉克的理论于 1930 年发表）。在他的宇宙辐射研究中，发现了在各个方面都与普通电子相似的粒子，唯一重要的区别是它带有负电荷，而不是正电荷。

此后不久，我们学会了一种简单的方法来产生电子对，即通过在实验室条件下通过发送强大的高频辐射束（放射性伽马射线）轰击任何种类的物质。

在下一页上，您将看到宇宙射线正电子的所谓“云室照片”，以及电子对产生的过程本身。但是在这样做之前，我必须解释一下获得这些照片的方法。云室或威尔逊室是现代实验物理学中最有用的工具之一，它基于以下事实：任何通过气体的带电粒子都会沿其轨迹产生大量离子。如果气体中充满了水蒸气，那么小水滴就会凝结在这些离子上，从而形成沿整个轨道延伸的薄雾层。在黑暗的背景上用强光束照亮这个雾蒙蒙的带状物，我们可以获得完美的照片，显示了运动的所有细节。

现在投影在屏幕上的两张图片中，第一张是安德森拍摄的宇宙射线正电子原始照片，并且顺便说一下，这是该粒子第一次被拍摄到。穿过照片的宽水平带是横跨暗室放置的厚铅板，而正电子的轨迹被视为穿过该板的细弯曲刮痕。这个轨迹是弯曲的，因为在实验的过程中，云室被置于强磁场中，影响了粒子的运动。铅板和磁场用于确定粒子携带的电荷符号，可以根据以下论点来完成。众所周知，磁场产生的轨迹偏转取决于运动粒子带电的符号。在这种特殊情况下，磁体的放置方式应使负电子向其原始运动方向的左侧偏转，而正电子将向右偏转。因此，如果照片中的粒子向上移动，可能带有负电荷。但该如何判断移动的方向呢？那就是铅板进来的地方。穿过铅板后，粒子一定失去了部分原始能量，因此磁场的弯曲作用会更大。在当前照片中，轨道在铅板下面弯曲得更强烈（乍看几乎看不到，但在铅板测量中显示出来了）。因此，粒子向下移动，其电荷为正。

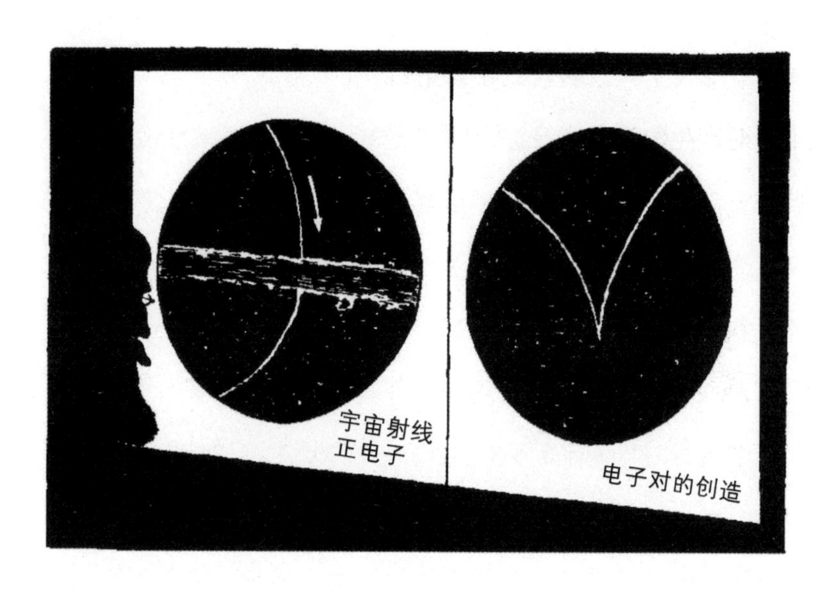


左：宇宙射线中的正电子　　　　右：电子对产生

另一张照片由剑桥大学的詹姆斯·查德威克拍摄，展示了在云室的空气中产生电子对的过程。一道强烈的伽马射线从下方进入，在照片中没有产生可见的轨迹。它在暗室中间产生了一对电子，并且两个粒子正相互分离，在强磁场的作用下向相反的方向偏转。看着这张照片，您可能想知道为什么正电子（位于左侧）在通过气体的过程中并未被湮灭。狄拉克的理论也给出了这个问题的答案，并且打高尔夫球的人都会很容易理解。如果在果岭推杆时，太用力击球，即使目标准确，它也不会掉入洞中。实际上，快速移动的球只会在洞上弹起并向前滚动。

同样，快速移动的电子要等到速度大大降低后才会落入狄拉克的孔中。因此，当正电子沿轨道碰撞而减速时，更有可能在其轨迹的尽头湮灭。实际上，仔细观察会发现，伴随湮灭过程的辐射实际上存在于正电子轨迹的末端。这进一步证实了狄拉克的理论。

现在仍然有两个要点需要讨论：第一个要点是我一直将负电子称为狄拉克海洋的溢出物，而将正电子称为其中的空穴。然而，人们可以反过来想，将普通电子视为空穴，从而使正电子具有抛出粒子的作用。为此，我们仅需假设狄拉克的海洋没有溢出，而是相反，它的粒子始终是不足的。在这种情况下，我们可以将狄拉克的分布形象化，就像一块瑞士奶酪，上面有很多孔。由于普遍缺乏粒子，空洞将永远存在。如果其中一个粒子从分布中被拿出，很快就会再次落入其中一个洞中。但应该说明的是，无论从物理还是数学角度来看，这两张照片都是绝对等效的，无论我们选择哪一张都没有影响。

第二个要点可以用以下问题表示：如果在我们所生活的世界中，负电子的数量有明显的优势，我们是否可以假设在宇宙的其他部分中这是相反的？换句话说，在我们的世界中，狄拉克海洋的溢出是否会因其他地方缺少这些粒子而得到补偿？

这个极其有趣的问题其实很难回答。实际上，由于由围绕负原子核旋转的正电子所建立的原子将具有与普通原子完全相同的光学特性，因此无法通过任何光谱观察来解决这个问题。就我们所知，很有可能物质的形成就是通过这种混乱的方式，比如大仙女座星云。但是证明它的唯一方法是握住一块那样的物质，看看它是否因与地面物质接触而湮灭。当然，这会导致一场可怕的爆炸！最近有一些讨论是关于陨石在地面大气中爆炸的现象，这会不会是因为这些陨石正由这种混乱的物质所组成呢？但我却对这种观点不以为然。实际上，这个关于狄拉克的海洋在宇宙不同部分溢出和干涸的问题可能永远得不到解答。

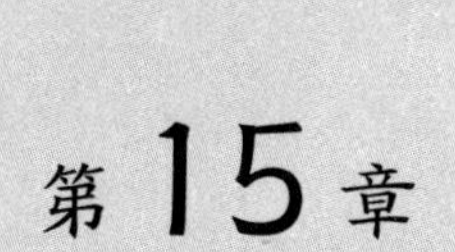

# 第15章

# 汤普金斯先生品尝日料

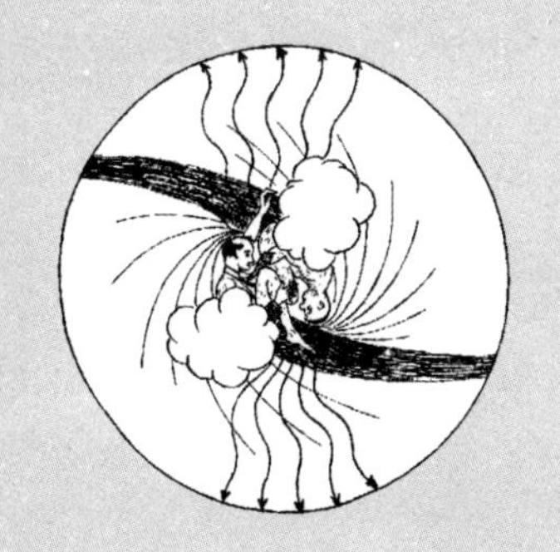

物理世界

奇遇记

▼
▽

一个周末，茉德去约克郡探望阿姨了，汤普金斯先生约教授去一家著名的寿喜烧餐厅共进晚餐。他们坐在矮桌旁的软垫上，享受着日本精美菜肴，用小杯子抿着日本清酒。

汤普金斯先生说："那天我听泰勒博士在讲座中说原子核内的质子和中子是由一些核作用力才贴合在一起的。那你告诉我，将电子困在原子内的是不是这类核作用力？"

"不是的！"教授回答他，"核作用力与其他力有一定的差别。原子中的电子是由普通的静电力才吸引在原子核的周围，18世纪末法国物理学家库仑首次提出静电力并深入研究。这种力相对来说比较弱，而且与原子中心的距离的平方成反比例递减。而核作用力却大有不同。当一个质子和一个中子相互靠近，但又不直接接触，实际上它们之间是没有作用力的。但一旦它们接触了，就出现了一个超强的力将它们紧紧地贴合在一起。就像两片胶带，它们近距离靠近的时候并不会相互吸引，但是一旦它们接触了就像兄弟一样难以分开。物理学家称这些力为'强相互作用'。它们与两个粒子所携带的电荷无关，而且质子与中子间、两个质子间、两个中子间，这些力都是一样的。"

"有没有什么理论可以解释这些力呢？"汤普金斯先生问。

"有的。在30年代早期，日本理论物理学家汤川秀树提出，它们的产生是由于两个核子间有一种未知的粒子相互交换。核子是质子和中子的统称。当两个核子相互靠近的时候，它们之间有这些神秘粒子跳来跳去，形成了一股强结合力将它们贴合在一起。汤川从理论上推测出了神秘粒子的质量，大约是电子质量的 200 倍或者是核子质量的十分之一。因此，他称它们为‘介子’。接着维尔纳·海森堡的父亲，一位古典语言教授，反对这种叫法，认为是对希腊语的亵渎。你看，‘电子（electron）’这个名字，是由希腊语中‘琥珀’μερον 一词变过来的，而‘质子’（proton）是由希腊语‘第一的’ЛρωTov 一词变过来的。但是汤川粒子的名字源自希腊语‘中间的’μερOV 一词，这个词中间不应该有字母‘tr’。因此，在一场国际物理学会议中，海森堡提议将介子的名字‘mesatron’改成‘meson’。一些法国物理学家反对的原因是，与拼写无关，‘meson’读起来像是‘maison’，这个词在法语中是‘家或者房子’的意思。但是他们的反对被驳回了，现在‘meson’这个术语已在学界稳定扎根。快看舞台上！他们要表演一场介子秀了！”

确实，六位艺伎出场，开始表演剑玉。她们一手拿着一个杯子，然后将一颗球在两个杯子间抛来抛去。舞台背景上出现了一个男人的面孔，他唱道：

因为介子，我获得了诺贝尔奖

至于成就，我选择不在意

拉姆达零，横滨，

伊塔和K，富士山——

因为介子，我获得了诺贝尔奖。

在日本，他们提议叫它汤川子。

我反对了，因为我是一个非常谦逊的人。

拉姆达零，横滨，

伊塔和K，富士山——

在日本，他们提议叫它汤川子。

“不过为什么有三对艺伎？”汤普金斯先生问。

“她们代表着介子交换的三种可能，”教授说，“介子有三种：正电荷、负电荷和电中性。可能三种介子全部参与到核作用力的生成中。”

“所以现在有八个基本粒子了，”汤普金斯先生掰着手指头数，“中子、质子（正负电荷），负电子、正电子，还有三种介子。”

“啊！”教授说，“不是8个，接近80个。起初人们发现有两种介子：重介子和轻介子，分别由希腊字母$\pi$和$\mu$表示。重介子是由非常高能的质子与大气边缘空气中气体的原子核相互作用产生的。但它们非常不稳定，在到达地表之前就分解了，分解成轻介子和中微子——它们中最神秘的粒子——没有质量也没有电荷，只是能量的携带体。轻介子的保存时间稍微长一点，大概几微秒，所以它们可以到达地表，但以后在我们的眼皮子底下衰退成普通的电子和两个中微子。然后还有一种称为K介子的粒子。”

三个艺伎在玩不同寻常的剑玉游戏

“这些艺伎们在扮演哪种粒子？”汤普金斯先生问道。

“噢，可能是重介子，中性的那种，它们是最重要的，不过我不确定。现在我们几乎每个月都要发现新的粒子，它们绝大多数都很短命，即使是以光速运动，它们从生成开始，在几厘米的距离内就要衰退，所以即使是用气球送到大气层里的小装置都无法观察到它们。”

“不过，我们现在有很强的粒子加速器，可以将质子加速到具有当时在宇宙射线中一样的高能量：几十亿电伏特。其中一个加速器，叫作劳伦斯加速器，就在附近的一座小山上，我很愿意带你去看。”

开了一小会儿车，他们就到了一座大楼里，里面有粒子加速机器。

进入大楼，汤普金斯先生就被震撼了，这个巨型装置太复杂了。但是，教授向他保证，它在原理上并没有比大卫用来杀死歌利亚的弹弓还要复杂。带电的粒子进入这个巨型筒里，沿着越发分散的螺旋形轨迹运动，然后交流电脉冲给它们加速，最后在强磁场内排成一条直线。

“我觉得我之前看过类似的东西，”汤普金斯先生说，“当我参观粒子回旋加速器的时候，好多年前人们称它为原子加速器。”

“是的，是的，”教授说，“你之前看的那个机器就是劳伦斯博士最初发明的。你现在在这里看到的是基于相同的原理，不过不是将粒子加速到几百万伏特，而是加速到几十亿伏特。美国最近建了两台：一台在加州伯克利，叫作高功率质子回旋加速器，因为它制造出的质子具有十亿电子伏特级的能量。这是很严格意义上的美国名字，因为在美国，一个‘billion’是十亿。而在英国，一个‘billion’是万亿，所以英国没有人尝试过去获得这样的成绩。美国另一台粒子加速器在长岛的布鲁克海文，叫作宇宙线级回旋加速器，这有点夸张了，因为自然宇宙射线所能提供的能量要比这个加速器提供的高得多。在欧洲，靠近日内瓦的欧洲原子核研究中心，他们建了可以与美国的两台相媲美的加速器。在俄罗斯，离莫斯科不远的地方，也有一台那样的机器，就是我们所熟悉的赫鲁晓夫加速器，现在可能会被重命名为勃列日涅夫加速器。”

环顾四周，汤普金斯先生注意到门上挂了一个标志，上面写着：

**阿尔瓦雷兹的液态氢洗浴装置**

“那儿是什么？”他问教授。

教授说：“噢！劳伦斯加速器会制造出越来越多的不同基础粒子，它们的能量越来越高，人们要想对它们进行分析，就需要观察它们的运动轨迹，计算它们的质量、生命周期、相互作用，以及其他特质如奇异数、宇称等。”

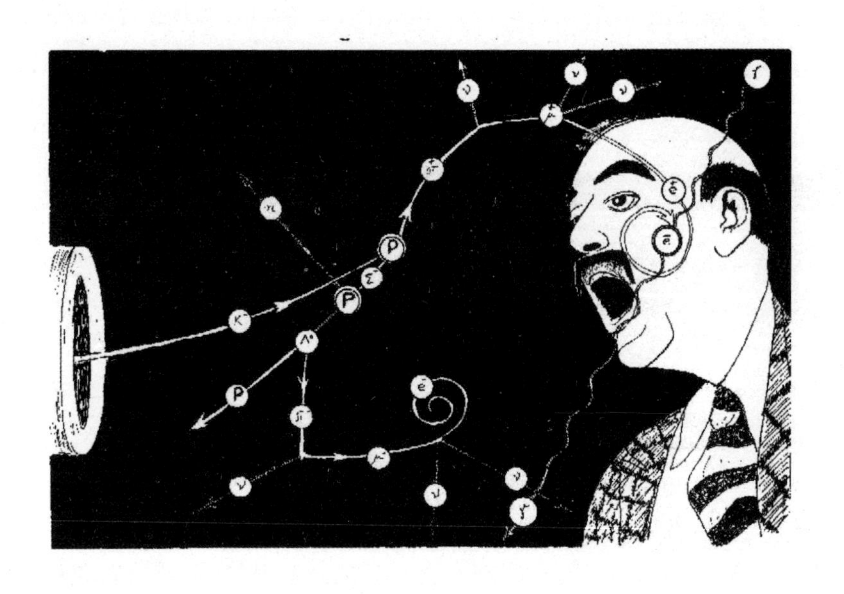

在以前，人们用威尔逊发明的所谓的云室来进行观察。威尔逊还因为此发明在 1927 年获得了诺贝尔奖。当时，物理学家们所研究的最快的粒子不过是只有几百万电子伏特能量的电荷粒子，他们把这些粒子送入云室。云室有一个玻璃顶，里面的空气由水蒸气加湿到近乎临界值。当云室的底部猛然下沉，里面的空气就因为空间的扩张而冷却，而水蒸气变得过于饱和。因此，一部分的水蒸气不得不聚集成小小的水滴。威尔逊发现，在离子，即气体的带电荷粒子，其周围的水蒸气凝结速度快了很多。但电荷炮弹穿过云室的轨迹旁边的气体都已经电离化了。因此，水雾留下了朦朦胧胧的线条，这些线条被装在云室另一端的光源照射到了，在云室完全涂黑的底部显现了出来。你一定记得我在之前的讲座里展示过的这些照片。

“现在，宇宙射线粒子的能量比我们原来研究的那些翻了数千倍，由于它们的运动轨迹太长了，云室太小了，因此不能从头到尾都可以记录它们的运动轨迹，整个过程中只有一小部分能被观察到。最近，年轻的美国物理学家格雷色将技术向前推进了一大步，这确保了他于1960年获得诺贝尔奖。据他所说，他当时正郁闷地坐在酒吧里看着面前的啤酒瓶里的泡泡在往上冒，然后，他突然想到，既然威尔逊可以研究气体中的液滴，那么自己说不定可以研究液体中的气泡？我接下来并不会讲到技术细节，”教授继续，“也不会说小装置设计的困难点；这些你可能都不会懂。最后结果是，为了使整个过程顺利进行，在我们现在所称为的气泡室里的液体一定得是液态氢，液态氢的温度大约是 −252 摄氏度。在接下来的一个房间里，就是阿尔瓦雷兹造的一个大型容器，里面灌满了液态氢，所以他们通常称为‘阿尔瓦雷兹的浴缸’。”

“呃……这对于我来说太冷了！”汤普金斯先生叫道。

“噢，你不必进去，你只要通过透明的外壁看看里面粒子的轨迹。”

浴缸照常在运行，周围很多闪光相机一连串地拍着照片。

浴缸放在一个巨大的电磁中间，电磁的作用是约束着粒子的运动轨迹，以便于人们推测它们的运动速度。

“生成一张照片只需要几分钟，”阿尔瓦雷兹说，“只要装置没有出问题要去修的话，一天可以拍几百张照片。每张照片都要好好观察，每个轨迹都要研究，轨迹曲度也要仔细测量。看一张照片的时间可能是几分钟到一小时不等，这取决于这张照片有没有趣，以及也要看分析图片的姑娘的工作效率。”

“你为什么说‘姑娘’？”汤普金斯先生打断他的话，“这是一个纯女性职业吗？”

“噢，不，”阿尔瓦雷兹说，“这些姑娘当中很多都是男孩子。但在我们这一领域，我们用的术语‘姑娘’不设计性别因素，仅仅是作为工作效率与精准度的一个单位。当你说‘打字员’或者‘秘书’的时候你总是会想到是女性而不是男性。好吧，要分析我们实验室里所有这些照片上的点，我们需要几百个女孩子，这明显是一个大难题。所以我们将大量的照片发送到其他国家，那些国家没有足够的资金来建劳伦斯加速器和泡泡浴缸，但是可以置办分析我们这些照片的小装置。”

“那这里是唯一进行这项研究的机构吗？”汤普金斯先生询问他。

“不是的！在纽约长岛布鲁克海文国家实验室里，在日内瓦欧洲原子核研究中心，以及在苏联莫斯科附近的高能物理研究所，都有相似的装置。他们总是像在干草垛里寻根针，上帝保佑，他们一会儿就找到了！”

“但为什么这项工作一直在进行呢？”汤普金斯先生惊讶地问道。

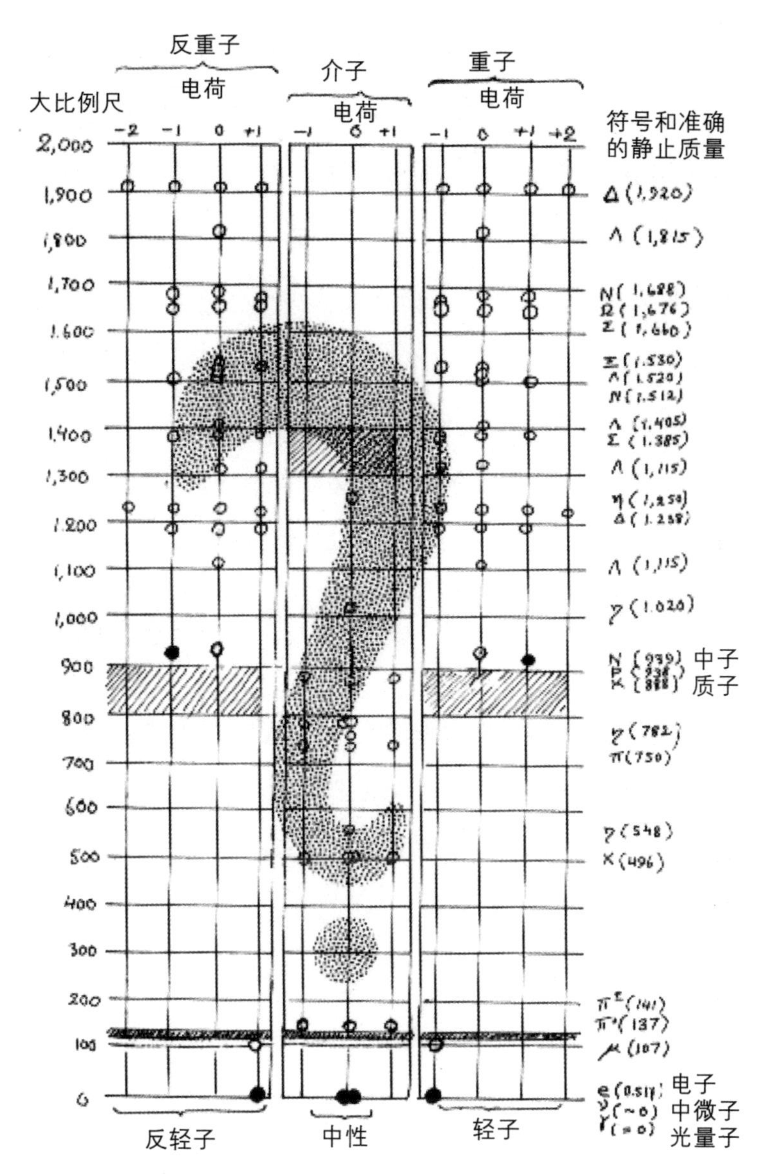


比门捷列夫的周期表复杂得多！（G.F. 周，M. 盖尔曼，A.H. 罗森菲尔德，《科学美国人》，1964.02）

“要想找到新的基本粒子，然后研究它们之间的相互作用，这比大海里捞针还要难。这里，墙上挂着一张粒子图表，里面所包含的粒子数量已经比门捷列夫系统里元素的数量还要多了。”

“但只是为了找新粒子，有必要耗费如此大的精力吗？”汤普金斯先生问。

“好吧，这就是科学，”教授回复他，“大到恒星系，小到微小的细菌甚至是这些基础粒子，人类想要了解身边的一切。研究它们很有趣、很兴奋，这就是为什么我们要这么做的原因。”

“但科学的发展是不是为了现实的目标，比如为了人类生活的改善，使人类更舒适幸福？”

“当然是的，不过这只是第二层目标。你觉得音乐的主要目的是让军号手清晨叫醒士兵？喊他们吃饭？或者命令他们上战场？人们总说‘好奇害死猫’，我要说‘好奇成就科学家’。”

说完这些话，教授跟汤普金斯先生说了声晚安。

- 终 -